AF402191

Librairie scientifique et industrielle

DE L. MATHIAS (AUGUSTIN),

QUAI MALAQUAIS, N° 15, EN FACE DU LOUVRE.

EXTRAIT DU CATALOGUE.

APPLICATION DES PRINCIPES DE MÉCANIQUE AUX MACHINES le plus en usage mues par l'eau, la vapeur, le vent et les animaux, et à diverses constructions; ouvrage qui fait connaître, dans chaque cas, la quantité de matières travaillées qui répond à une quantité dépensée par le moteur ou par l'outil, et qui est destiné à guider les constructeurs dans les calculs relatifs à l'établissement de ces différentes usines; par Taffe, capitaine d'artillerie. 1 vol. in-8, avec planches.   7 fr. 50 c.

TRAITÉ THÉORIQUE ET PRATIQUE DES MACHINES LOCOMOTIVES; ouvrage destiné à faire connaître le mode de construction, le jeu de ces machines et leur emploi pour le transport des fardeaux; à donner le moyen de calculer, à vue de la machine, les vitesses auxquelles elle conduira des charges déterminées, et les services qu'elles pourront rendre en toute circonstance; à fixer les proportions qu'il convient d'adopter dans la construction pour en obtenir les effets voulus; à faire connaître la consommation d'eau et de combustible, etc. Recherches basées sur un grand nombre d'expériences en grand, exécutées dans la pratique ordinaire sur des machines différentes, et avec des trains considérables de voitures; suivi d'un appendice contenant l'exposé des dépenses de ces machines pour le halage des fardeaux sur les chemins de fer; par le Chev. F. M. Guyonneau de Pambour, ancien élève de l'École

Polytechnique, ancien officier aux corps royaux d'artillerie et de l'état-major, chevalier de l'ordre royal de la Légion d'Honneur. 1 volume in-8°, avec Planches. Prix :

7 fr. 50 c.

PRINCIPES FONDAMENTAUX DE L'ÉCONOMIE POLITIQUE, TIRÉS DE LEÇONS ÉDITÉS ET INÉDITES de M. N. W. Sénior, professeur émérite d'économie politique à l'université d'Oxford ; traduits par le comte Jean Arrivabène. 1 vol. in-8.

7 fr. 50 c.

MÉMOIRES SUR LES ROUES HYDRAULIQUES à aubes courbes, mues par-dessous, suivi d'expériences sur les effets mécaniques de ces roues ; nouvelle édition, augmentée d'un Second Mémoire relatif à des expériences en grand faites sur la nouvelle roue, et d'une instruction pratique sur la manière de procéder à son établissement ; par J. V. Poncelet, membre de l'Institut, chef de bataillon du génie, professeur de mécanique appliquée aux machines, à l'École spéciale de l'artillerie et du génie, membre de l'Académie royale de Metz. 1 vol. in-4°, avec 2 Planches gravées.

7 fr.

TRAITÉ COMPLET DES PROPRIÉTÉS, de la préparation et de l'emploi des Matières tinctoriales et des Couleurs ; par J. C. Leuchs, traduit de l'allemand ; revu, pour la partie chimique, par M. E. Péclet, professeur de physique à l'École centrale des Arts et Manufactures ; 2 vol. in-8°. Prix :

18 f.

Chaque volume se vend séparément.
Le premier volume, Matières tinctoriales. 9 fr.
Le second volume, Fabrication des Couleurs. 9 fr.

TRAITÉ DE L'ÉCLAIRAGE, par E. Péclet, ex-professeur des sciences physiques au Collége royal de Marseille, et de chimie appliquée aux arts, membre de plusieurs Sociétés savantes ; 1 vol. in-8°, avec Planches gravées. 8 f. 50 c.

TRAITÉ DE LA CHALEUR et de ses applications aux Arts et aux Manufactures, par E. Péclet ; 2 vol. in-8° avec atlas.

21 fr.

HISTOIRE DESCRIPTIVE DE LA FILATURE ET DU TISSAGE DU COTON, ou Description des divers Procédés et Machines employés jusqu'à ce jour pour égréner, battre, carder, étirer, filer et tisser le coton, ourdir et parer les chaînes, et flamber les étoffes; traduit de l'anglais par M. Maiseau, traducteur des Manipulations chimiques de Faraday : 1 vol. in-8° avec atlas séparé.   15 fr.

GUIDE DU CHAUFFEUR et du Propriétaire des Machines à vapeur, ou Essai sur l'établissement, la conduite et l'entretien des Machines à vapeur, et principalement de celles dites de Wolf, à moyenne pression; précédé des Principes pratiques sur la Construction des Fourneaux; par Grouvelle et Jaunez, ingénieurs civils; 1 fort vol. in-8°, 10 Planches gravées par M. Leblanc.   9 fr.

GUIDE DU MEUNIER et du Constructeur de Moulins, par Olivier Évans, avec notes et additions du professeur de mécanique à l'Institut de Franklin en Pensylvanie, et suivi de la Description d'une Minoterie perfectionnée; traduit sur la 5e édition, et augmenté de la Description du bel établissement de M. Benoist de Saint-Denis, par P. M. Benoît, ingénieur civil, ancien élève de l'École polytechnique, membre de plusieurs Sociétés savantes; 1 fort vol. in-8°, publié en deux parties, orné de 15 Planches gravées.   10 fr.

MANIPULATIONS CHIMIQUES, par Faraday, professeur de chimie à l'Institut royal de Londres; traduit de l'anglais par M. Maiseau, et revu, pour la partie technique, par M. Bussy, professeur de chimie à l'École de Pharmacie de Paris, et à l'École centrale des Arts et Manufactures, etc.; 2 vol. in-8°, ornés de 200 figures.   14 fr.

TRAITÉ SUR L'ART DE FAIRE DE BONS MORTIERS, et d'en bien diriger l'emploi, ou Méthode générale pratique pour fabriquer en tout pays la chaux, les cimens et les mortiers les meilleurs et les plus économiques; par Raucourt de Charleville, ingénieur des ponts et chaussées; 1 vol. in-8°, orné de deux Planches gravées.   7 fr. 50 c.

Art de chauffer, ou Traité des moyens de mettre à profit la chaleur qui émane des appareils de chauffage; par P. Hamon, architecte; 1 vol. in-8°, orné de 7 Planches gravées. 8 fr. 50 c

L'Art de fabriquer les poteries communes usuelles, les Poêles, les Grès fins et grossiers, les Creusets, les Carreaux, les Tuiles, les Briques ordinaires et réfractaires; par F. Bastenaire d'Audenart, manufacturier fabriconsulte pour les Arts céramiques, auteur de l'*Encyclopédie méthodique des Poteries*, renfermant : 1°. l'Art de la Vitrification ; 2°. l'Art de fabriquer la Porcelaine dure; 3°. l'Art de fabriquer la Faïence recouverte d'un émail rendu opaque par l'oxyde d'étain; 4°. l'Art de fabriquer la Faïence blanche enduite d'un vernis cristallin à l'instar français et anglais, etc., avec chacun un Vocabulaire de mots techniques. 1 vol. in-8°, avec Planches. 8 fr.

Recueil d'Expériences sur les Mortiers de construction, suivi d'observations sur la manière d'opérer dans les Recherches de ce genre; par H.-A. Soleirol, capitaine du génie. 1 vol. in-4° en petit-texte, broché. 7 fr. 50 c.

L'Art de l'Essayeur, par M. Chaudet, ex-essayeur des Monnaies de France. 1 vol. in-8°. 8 fr.

Élémens de Physique expérimentale et de Météorologie, par M. Pouillet, professeur de physique à la Faculté des Sciences et à l'École polytechnique; membre de la Société philomatique, du Conseil de la Société d'encouragement, directeur du Conservatoire royal d'arts et métiers; ouvrage adopté par le Conseil royal de l'Instruction publique pour l'enseignement dans les établissemens de l'Université. 2° édition, revue, corrigée et augmentée; 4 vol. in-8°, avec Planches. 24 fr.

Élémens de Philosophie naturelle, renfermant un grand nombre de développemens neufs et d'applications usuelles et pratiques à l'usage des Gens de Lettres, des Médecins

et des personnes les moins versées dans les mathématiques;
par Neil Arnott, traduit de l'anglais sur la 4e édition;
enrichis de notes et d'additions mathématiques par T. Ri-
chard. 2 vol. in-8o.   12 fr. 50 c.

Cet Ouvrage, qui a obtenu un succès prodigieux en Angleterre,
a été enrichi dans la traduction de notes telles que l'auteur anglais les a fai entrer dans sa nouvelle édition.

JOURNAL DES ATELIERS de Tourneur, de Mécanicien, de
Serrurier, de Menuisier, d'Ébéniste, d'Horloger, de Char-
pentier, de Charron etc.; par M. A. Paulin Désormeaux,
auteur de l'*Art du Tourneur*, de l'*Art du Menuisier*, etc.
1re année; 1 vol. in-8°, avec beaucoup de Planches. 7 fr.

Il reste fort peu d'exemplaires de ce premier volume, qui a été
publié en 1830, et qui sera incessamment complété par le Résultat des travaux des Ateliers pendant les années 1831, 32, 33,
34 et 35.

L'ART DE L'HORLOGERIE enseigné en 30 Leçons, ou Manuel
complet de l'Horloger et de l'Amateur, d'après Berthoud
et les travaux de Wuillamy; ouvrage contenant les principes de l'Art mis à la portée des apprentis; la théorie
détaillée des échappemens; des méthodes à l'usage des
simples amateurs pour régler les montres et pendules;
un Traité de rhabillage; mis en ordre et augmenté de
toutes les découvertes modernes par un ancien élève
de Breguet. 1 très fort in-12, avec beaucoup de Planches.
Prix :
                                                           12 fr.

GÉOMÉTRIE APPLIQUÉE A L'INDUSTRIE, à l'usage des artistes
et des ouvriers; leçons publiques données à Metz; par
C.-L. Bergery, membre correspondant de l'Institut, ancien
élève de l'École polytechnique, professeur à l'École d'artillerie et à l'École normale de Metz, membre de l'Académie de la même ville, etc.; 3e édition, augmentée de
notions élémentaires sur les transversales, de l'imitation
des courbes par des arcs de cercle, et des tracés qui résultent des principes les plus récemment découverts;
adoptée par l'Université de France. 1 fort vol. in-8°, avec
14 Planches.
                                                            6 fr.

Économie industrielle, ou Science de l'industrie ; par C.-L. Bergery : ouvrage couronné par l'Institut de France, comme le plus utile aux mœurs.

Tome I : *Économie de l'Ouvrier;* in-18, 2ᵉ édition. 1 fr.
Tome II : *Économie du Fabricant;* 1ʳᵉ partie, in-18. 1 f.
Tome III : *Économie du Fabricant;* 2ᵉ partie, in-18. 1 f.
Chaq. *Volume se vend séparément.*

C'est le résumé de leçons publiques et gratuites qui ont contribué puissamment à répandre les idées d'économie et de prévoyance, d'ordre et de moralité dans la classe industrielle de Metz : il a valu à l'auteur le titre de membre correspondant de la classe des sciences morales et politiques de l'Institut royal de France.

Élémens de Technologie, ou Description des procédés des arts et de l'économie domestique pour préparer, façonner et finir les objets à l'usage de l'homme ; ouvrage destiné à l'instruction de la jeunesse, aux pères de famille, aux collèges, institutions, pensionnats ; par L.-B. Francœur, professeur à la Faculté des sciences de Paris, chevalier de la Légion d'Honneur, membre de plusieurs académies. 1 vol. in-8°.

7 fr.

———

COMPTABILITÉ COMMERCIALE

OU COURS THÉORIQUE ET PRATIQUE

DE LA TENUE DES LIVRES EN PARTIES DOUBLES,

Enseignée aux Élèves de l'école royale d'arts et métiers de Châlons-sur-Marne; par Mézières. — 1 vol. in-8, accompagné de Tableaux in-folio.

Cet Ouvrage est le résultat d'une longue expérience *théorique et pratique;* aussi se distingue-t-il par une grande lucidité, et est-il d'une concision telle que la théorie, ordinairement si longue, et rendue si vague par la foule de détails dont elle est obstruée, se trouve ici développée en 64 pages.

BIBLIOTHÈQUE INDUSTRIELLE.

Arts et Manufactures.

PHILOSOPHIE DES MANUFACTURES

ou

ÉCONOMIE INDUSTRIELLE

DE LA FABRICATION DU COTON,

DE LA LAINE,

DU LIN ET DE LA SOIE,

AVEC LA DESCRIPTION DES DIVERSES MACHINES EMPLOYÉES
DANS LES ATELIERS ANGLAIS,

PAR ANDREW URE, D. M.

Membre de la Société royale, de la Société géologique et de la Société
astronomique de Londres, de l'Académie des Sciences Naturelles de
Philadelphie, de la Société Pharmaceutique du nord de l'Allemagne,
de la Société de Mulhausen et de plusieurs autres Sociétés savantes.

TRADUIT SOUS LES YEUX DE L'AUTEUR

ET AUGMENTÉ D'UN CHAPITRE INÉDIT SUR L'INDUSTRIE
COTONNIÈRE FRANÇAISE, ETC.

TOME SECOND.

PARIS.

L. MATHIAS (AUGUSTIN),

LIBRAIRIE SCIENTIFIQUE ET INDUSTRIELLE,

QUAI MALAQUAIS, N° 15;

A BRUXELLES, CHEZ PÉRICHON, LIBRAIRE, RUE DES ALEXIENS.

1836.

TABLE DES MATIÈRES

CONTENUES DANS LE SECOND VOLUME.

——

TABLE DES MATIÈRES.

SCIENCE DES MANUFACTURES.

TROISIÈME PARTIE.

CHAPITRE Iᵉʳ.

ÉCONOMIE MORALE DU SYSTÈME AUTOMATIQUE.

Condition de nos ouvriers dans les fabriques, comparée à celle des autres classes ouvrières ; quantité et qualité de leur travail, considéré sous le rapport des moyens de jouissance qu'il peut leur procurer. — Histoire des insubordinations, des préjugés et de la législation à ce sujet.

Le sentiment de mépris que la noblesse affectait autrefois pour la bourgeoisie, sentiment qui se manifestait par des injures et des outrages de toute nature, à l'époque barbare du moyen âge, semble encore exister chez plusieurs membres de notre aristocratie, et y être entretenu par les panégyristes de leur classe. Il s'est manifesté d'une manière évidente dans la dernière croisade parlementaire contre les manufactures. Un de leurs plus éloquens défenseurs a parlé de l'immense progrès de notre industrie mécanique dans les termes les plus méprisans. « C'est une glande, a-t-il dit, une excroissance fougueuse du corps politique; on aurait pu en arrêter les progrès, si l'on en avait prévu les suites lorsqu'il en était temps encore ; mais aujourd'hui, son volume s'est tellement accru , ses nerfs ont produit des ramifications si nombreuses, et ses vaisseaux se sont si intimement confondus dans les veines et les artères principales du système naturel, qu'il est devenu impossible de la détruire par l'absorption, et que l'amputation en serait fatale. » [1]

Si une métaphore pouvait prouver quelque chose, le procédé de la génération animale et végétale démontrerait évidemment cette grande vérité : que la Providence a voulu que l'homme remplît la glorieuse fonction de perfectionner à l'infini les diverses productions de la nature, et les transformer en objets de luxe et d'uti-

---

[1] *Southey's Colloquies*, vol. 1, p. 171.

lité, sans un grand effort de travail. C'est cette position incontestable qui forme la base de notre système manufacturier actuel. En même temps que ses dangers sont moins grands que ceux du système agricole de l'Angleterre, il est beaucoup plus facile à gouverner et à perfectionner. M. Southey aurait sans doute adouci ses expressions sur l'état de nos manufactures, s'il eût réfléchi qu'elles sont le principal appui de la littérature. En effet, le commerce de la librairie de la Grande-Bretagne fleurit ou languit selon que les manufactures avec lesquelles il sympathise, sont ou florissantes et languissantes; tandis que l'état plus ou moins prospère de l'agriculture n'influe en rien sur celui de la librairie. Or, de quel côté se trouve la population morale et intellectuelle?

Quoi qu'il en soit, ce système *polytechnique* a éprouvé le sort des plus beaux dons qui aient été faits à l'homme; on l'a d'abord mal représenté, ensuite il a été calomnié, non seulement par des étrangers qui en ignoraient l'excellence, mais même par ses propres enfans, objets de ses soins et de sa bonté. Le sauvage errant qu'on civilise trouve en retour de ses plaisirs dangereux, tranquillité et protection ; il n'a plus la liberté d'assouvir sa vengeance sur ses ennemis, ni de s'emparer par violence des propriétés de ses voisins. Il en est de même de l'ouvrier, qui échange un travail pénible, dont la durée et les gains sont variables, pour un travail moins pénible et dont le gain est fixe. Il faut également qu'il renonce à son ancien privilége de le suspendre quand bon lui semble, parce que cette suspension entraverait la marche de tout l'établissement. L'ouvrier ne peut juger par lui-même de l'étendue du dommage qui résulte de la violation du travail automatique ; non plus que le genre humain, en général, ne peut se rendre compte exactement des maux que cause une infraction à la loi morale et divine. Cependant l'ouvrier d'une *factorie*, peu versé dans les grandes opérations de l'économie politique et du commerce, agit presque toujours par un sentiment d'envie contre le capitaliste qui utilise ses talens, et il n'est pas difficile à des démagogues artificieux de lui persuader qu'il ne reçoit pas une suffisante récompense de l'emploi de son temps et de sa capacité, et que quelques heures de travail de moins seraient un juste supplément de son salaire. Il paraît que cette idée, enracinée depuis long-temps dans l'esprit des ouvriers, y est encore entretenue par les chefs de ces associations secrètes qui s'organisent si facilement au milieu d'une classe d'hommes réunis en masse sur un territoire peu étendu.

Au lieu de murmurer, comme ils l'ont fait, contre la prospérité de leurs maîtres, et de recourir à des moyens extrêmes pour l'arrêter dans sa marche, ils devraient, par reconnaissance, et dans leur propre intérêt, se réjouir d'un succès auquel ils ont contribué. La régularité de leur conduite et leurs talens les rendraient recommandables aux yeux des capitalistes qui voudraient former quelque établissement avantageux, et en confier la conduite à des mains habiles. C'est ainsi que de bons ouvriers auraient obtenu des places de surveillans, de contre-maîtres et d'associés dans de nouveaux établissemens, et auraient procuré de l'emploi à un grand nombre de leurs camarades. Ce n'est que par ce genre de progrès paisibles qu'on peut élever ou maintenir les salaires. Sans les collisions et les interruptions violentes causées par les vues erronées des ouvriers, le système manufacturier se serait développé encore plus rapidement et plus avantageusement qu'il ne l'a fait jusqu'à ce jour, pour toutes les parties intéressées ; et il aurait fourni de plus fréquens exemples d'artisans habiles devenus riches propriétaires. Toute mésintelligence repousse entièrement le capital, ou l'empêche, pendant un certain temps, de couler dans les canaux d'un commerce sans cesse exposé à des troubles.

Nous devons donc sincèrement déplorer qu'au préjudice de tous les genres d'intérêts, ainsi que de la prospérité nationale, les fileurs de coton en particulier aient été tellement aveuglés par la passion et les préjugés, qu'ils ne soient jamais parvenus à comprendre toute la force de ce principe élémentaire. S'ils en eussent fait la règle de leur conduite, ils auraient été mieux payés ; ils auraient profité de la totalité de leurs gains, au lieu d'en prodiguer une partie considérable à soudoyer des perturbateurs auxquels ils confiaient l'administration de leurs associations coupables. Les moyens dont ils ont continuellement joui pour se maintenir dans l'aisance eux et leurs familles, ont généralement été supérieurs à ceux de la plupart des artisans des autres parties du royaume, qui sont obligés de se fournir d'outils dispendieux et de faire de longs apprentissages : car le salaire net d'un fileur de

coton a rarement été au-dessous de 30 schellings par semaine pendant toute l'année ; quelquefois il s'est élevé beaucoup au-delà, lui
procurant même un revenu presque trois fois
plus grand que celui du laboureur, ou du tisserand au métier, pour un travail beaucoup
plus pénible et d'une égale durée.

Les manufactures de tissus se divisent en
deux classes distinctes : les opérations de l'une
se font par une multitude de petites machines
indépendantes, qui sont la propriété des ouvriers; les autres marchent par un système
complet de mécaniques qui appartiennent aux
maîtres. Les métiers pour tricoter les bas et
pour tisser la mousseline offrent un exemple de la première classe de machines; les
métiers *mull-jenny* et les métiers à tisser mécaniques font partie de la seconde classe. Les
ouvriers de la première catégorie étant dissé-
minés sur une vaste étendue de pays, et ri-
valisant entre eux pour le travail et pour les
salaires, ne peuvent guère se réunir pour
conspirer avec fruit contre leurs maîtres. Mais
en supposant même qu'ils y parvinssent jusqu'à
un certain point, ils feraient par là autant de
tort à leur propre capital qu'à celui de leurs
maîtres : c'est-à-dire qu'ils diminueraient l'in-

térêt de leur argent, par l'improduction de leurs métiers et de leurs ateliers, dans une proportion égale à la perte du capital absorbé dans les avances de matériel qui leur ont été faites. Mais les ouvriers de la seconde catégorie sont nécessairement associés en masses considérables; d'ailleurs ils n'ont pas placé de capital en mécaniques ni en ateliers. S'ils veulent se mutiner, il leur est facile de s'entendre; et, par une suspension volontaire de leurs travaux, ils ne souffrent que de la perte de leurs salaires pendant un certain temps; mais ils causent aux maîtres une perte considérable d'intérêt sur leurs capitaux, sur leur loyer et sur leurs impôts, sans compter le dommage que cause l'inaction des machines à des pièces de métal mobiles et délicates, dans un climat aussi humide que le nôtre. A Manchester, il y a plusieurs manufactures de coton qui emploient une mise de fonds de 5,000 à 10,000 livres sterling par an. Si l'on ajoute à la perte de cet intérêt celle du bénéfice résultant de ce capital, on pourra apprécier, en quelque sorte, l'étendue des maux que les pernicieuses cabales des ouvriers occasionnent aux chefs de fabriques, ainsi qu'au commerce national.

Les philosophes de tous les siècles ont fait ressortir l'inertie du principe du bien et l'activité du principe du mal, qui existent chez l'homme; mais ils se sont contentés d'en constater le fait, sans résoudre ce problème. Enhardis par la force de la malveillance, un grand nombre de fileurs de coton, quoique mieux rétribués, comme nous l'avons déjà fait voir, qu'aucune autre classe d'artisans, fomentèrent des mutineries dans tous les rangs d'ouvriers du même état, effrayant les plus timides et caressant les mieux disposés, pour les engager dans leurs coalitions. Ils se vantaient de posséder un tribunal secret qui, sur un seul ordre, pouvait interdire toute filature dont le maître n'accéderait pas à leurs demandes, et par là causer la ruine de celui qui leur avait donné un emploi lucratif pendant plusieurs années. Usant de flatteries ou de menaces, ils levaient des contributions sur leurs confrères dans des fabriques privilégiées, auxquelles ils permettaient de continuer les travaux, afin de se procurer des fonds pour soutenir les oisifs pendant tout le temps de la suspension décrétée. Dans cet état de choses extraordinaire, où l'esprit inventif et l'âme du commerce étaient enchaînés par la mutinerie de ses coopérateurs, l'esprit de destruction commença à se manifester parmi quelques confédérés. Il se commit des actes d'atrocité inouïe; des monstres eurent recours à des armes vraiment diaboliques. Ils jetèrent de l'huile de vitriol à la figure des personnes les plus estimables, leur brûlèrent les yeux et leur causèrent d'horribles souffrances.

La déposition faite à la commission de *factorie*, par M. George Koyle Chappel, manufacturier de Manchester, qui occupe deux cent soixante-quatorze ouvriers, et deux machines à vapeur d'une force de soixante-quatre chevaux, dépeint bien le véritable caractère des mutineries des fileurs.

« J'ai éprouvé plusieurs suspensions, et j'ai eu connaissance d'un grand nombre d'autres; mais je n'en ai jamais vu pour obtenir une diminution des heures de travail. Je rapporterai les circonstances de la dernière, qui commença le 16 octobre 1830, et dura jusqu'au 17 janvier 1831. Tous nos fileurs, dont le prix des journées s'élevait, terme moyen, à 2 l. 13 s. 5 d. (67 francs) par semaine, cessèrent les travaux, à l'instigation, comme ils nous le dirent alors, des délégués de *l'Union*. Ils dirent n'avoir nullement à se plaindre des prix, ni de l'ouvrage, ni des maîtres, mais *l'Union* les forçait à cesser leurs travaux. La même semaine, trois délégués de *l'Union* des fileurs vinrent nous trouver à notre fabrique, nous dictèrent certaines augmentations de salaire, et d'autres réglemens, et nous dirent que si nous n'y adhérions point, nos propres fileurs, ni d'autres, ne travailleraient plus pour nous ! On doit bien penser que nous refusâmes ; car nous trouvions nos prix déjà assez élevés et nos réglemens étaient tels que l'exigeait la conduite de notre établissement. Ils placèrent alors dans toutes les avenues de la fabrique, des sentinelles qui faisaient le guet nuit et jour pour empêcher tout nouvel ouvrier d'y arriver. Ils parvinrent à leur but en intimidant les uns, et en promettant à d'autres (que j'avais introduits dans la fabrique au moyen d'une voiture fermée) de leur donner tout ce qui leur serait nécessaire, s'ils voulaient cesser de travailler. Dans de telles circonstances, ne pouvant plus continuer les travaux, je mis la fabrique en vente, mais il ne se présenta pas d'acquéreurs, et je tentai en vain de la louer. Au bout de vingt-trois semaines, les ouvriers vinrent demander à rentrer dans la fabrique, aux mêmes conditions qu'avant la suspension,

répétant, comme auparavant, que c'était *l'U-
nion* qui les avait forcés à la révolte. Les délégués qui vinrent se présenter à moi étaient
Jonathan Hodgins, Thomas Foster et Peter
Madox, secrétaire de *l'Union*.

—« A combien se montait l'augmentation de
salaire qu'ils demandaient? — *Rép.* Je ne me
souviens pas exactement de la somme; mais
elle était considérable, et ils voulaient la suppression des réglemens qui mettent les ouvriers à l'amende pour mauvais ouvrage, ou
pour infraction aux statuts qui régissent la
fabrique.

—« Y avait-il déjà eu des cabales auparavant?
—Oui, deux fois. Dans une coalition précédente des fileurs, deux chefs de *l'Union*,
Doherty et Jonathan Hodgins, se rendirent
auprès de nous. Après avoir pris connaissance
de notre livre de paie et des machines auxquelles les hommes travaillaient, ils déclarèrent que les gages étaient raisonnables, et que
les machines étaient bonnes; et ils ordonnè-
rent aux ouvriers de se remettre à l'ouvrage. »
L'accroissement du commerce des soieries à
Manchester est dû en partie à la suppression
de celui de Macclesfield, qui se trouve dépeu-
plé par suite des restrictions que les *Unionis-*

les ont imposées à la main-d'œuvre. Norwich a souffert du même fléau. Tous les ouvriers tisserands en soie travaillent à la main, et gagnent de 12 à 20 schellings par semaine, selon leur habileté et leur célérité. M. Brockle-Hurst, désirant fabriquer du gros de Naples à Macclesfield, donna à faire au dehors de 400 à 500 chaînes, des tissus qui eussent donné de l'occupation à un bien plus grand nombre d'ouvriers; mais les tisserands refusèrent de rendre les tissus avant d'avoir obtenu une augmentation sur les prix convenus; enfin, ils suscitèrent tant d'obstacles, qu'il se vit contraint de donner moins d'étendue à son commerce, et qu'il ne put produire cette sorte de marchandise, parce que les ouvriers refusaient de travailler aux prix de Manchester. En 1833, la paie des tisserands en soie s'élevait à 6000 l. sterl. par semaine à Macclesfield.

M. William Haster, dans un rapport sur le commerce des soieries, s'exprime ainsi : « J'ai été témoin d'un grand nombre de cabales, et il en est toujours résulté une diminution du salaire des ouvriers; j'en ai eu l'expérience par moi-même. Au printemps de cette année, tous les métiers à tisser se trouvaient chargés de marchandises; les tisserands crurent devoir saisir cette circonstance favorable pour demander une hausse de salaire, mais ne l'ayant point obtenue, ils restèrent sans ouvrage pendant trois ou quatre mois, et ils en vinrent ensuite à un accommodement. Pendant cet intervalle, je m'étais procuré des ouvriers parmi les tisserands en coton. » [2]

« Avant d'être chargé de l'enquête à Glascow, j'ignorais, dit un membre de la commission des *factories* [1], que les ouvriers eussent si bien organisé leur association, qu'elle se trouve déjà en mesure, non seulement de prescrire le salaire à payer à ses propres membres, ainsi qu'à tout autre corps d'ouvriers, quel qu'il soit, et de quelque endroit qu'il vienne, mais en outre qu'il est défendu à tout ouvrier non reçu parmi eux, de travailler sans l'autorisation de l'association, et sans avoir préalablement déposé une certaine somme, qu'il continue de payer chaque semaine, comme les autres membres; que les femmes n'ont le droit ni de se faire fileuses, ni d'être engagées comme telles, bien qu'elles en aient toutes les

---

[1] Factory commission. — *Second Rep. of Central board*, D. 2, p. 38.

[2] James Stuart, esq., auteur d'un excellent Voyage aux États-Unis. — *First Rep. An 1, 126.*

capacités; qu'il n'est presque pas possible à un rattacheur, c'est-à-dire à un aide-fileur, d'apprendre le métier de fileur, à moins qu'il ne soit parent d'un fileur qui se charge de le lui montrer; qu'enfin l'association de Glascow a pour but de se constituer en corporation exclusive, accessible seulement à ceux qu'elle veut bien admettre, et d'empêcher tous les autres ouvriers de se faire fileurs, soit par ses réglemens, soit par un système de menaces, qu'elle appuie, au besoin, de la force. »

« Les propriétaires des manufactures de Glasgow, dit M. Graham, n'ont essayé de baisser les salaires que lorsqu'ils se sont élevés au-dessus de ceux du Lancashire; mais ils ont voulu rester maîtres de la conduite de leurs établissemens. D'ailleurs, ils ne se sont pas coalisés pour y parvenir, comme ont fait leurs ouvriers. Ces derniers ne se contentent pas de dire : « *Nous ne voulons pas travailler chez vous à moins de tant*», ils ajoutent, «*et nous ne permettrons à qui que ce soit de le faire malgré nous.* » Ils font le guet dans les rues, pour nous empêcher de faire venir d'autres ouvriers; et s'ils en surprennent un, ils lui font subir de mauvais traitemens, et vont même jusqu'à attenter à sa vie, s'il le faut.

Après avoir essayé, une ou deux fois, de leur résister ouvertement, nous avons été forcés de les reprendre. Quoique ces révoltes soient illégales, la loi ne peut en atteindre les instigateurs, et nous ne pouvons les traduire eu justice. Huit jours avant mon départ de Glasgow, ils se portèrent à des voies de fait contre un individu qui revint tout épouvanté à l'atelier, et qui fut obligé d'en sortir. Il y a quelques années qu'une bande de confédérés jetèrent du vitriol sur plusieurs personnes, qui faillirent en perdre la vie. » [1]

Lorsque la commission demanda à M. Graham pourquoi il ne pouvait pas réduire les prix de sa filature au taux de ceux de ses voisins : « C'est, répondit-il, que l'association des fileurs de Glasgow m'en a empêché, et qu'il m'est impossible de recevoir dans mon atelier quiconque ne fait pas partie de cette association. »

Combien un manufacturier respectable n'est-il pas mortifié de se voir contraint, par l'esprit de vengeance d'une réunion d'ouvriers, de payer 35 à 40 sch. par semaine, le même

[1] William Graham, esq., dans le Rapport de la Commission sur les manufactures.

travail qu'ils font volontairement chez ses voisins pour 21 ou 25 sch.

On ne doit donc pas s'étonner qu'un esprit de révolte aussi despotique, et des coalitions accompagnées de mesures aussi violentes, aient excité vivement l'attention publique, et provoqué de nouvelles lois en rapport avec ces nouveaux crimes. Alors les conspirateurs, bien convaincus de l'horreur qu'ils devaient inspirer à tous les honnêtes gens, commencèrent à se défendre. Ils nièrent d'abord les violences dont ils s'étaient rendus coupables, et ils rejetèrent la faute sur leur état, disant qu'il était des plus pénibles, qu'il nuisait à leur santé, causait l'épuisement de leurs forces physiques et morales, et les conduisait à une vieillesse prématurée.

En 1818, lors d'une révolte déplorable, qui eut lieu à Manchester, quinze mille ouvriers des fabriques refusèrent de travailler pendant plusieurs mois; ils se promenaient par bandes dans les rues, assiégeaient les fabriques de coton qui osaient continuer leurs travaux malgré leurs ordres, et menaçaient de détruire toutes les machines qu'elles renfermaient. Le comité de *l'Union* des fileurs publia alors la proclamation suivante, qui est devenue la source de toutes les calomnies qu'on a depuis déversées sur notre système de manufactures.

« Notre opinion est qu'il n'existe aucun genre d'industrie aussi ingrat, aussi pernicieux pour la santé que celui du fileur. Privé d'air frais, forcé de rester long-temps renfermé dans l'atmosphère impure de salles encombrées d'ouvriers, et respirant continuellement les particules de poussière métallique ou végétale, ses facultés physiques s'affaiblissent, sa force corporelle s'éteint; il succombe à la fleur de l'âge, et le cercueil lui offre souvent un asile désiré contre les maux qui l'affligent. Ses enfans! Mais jetons un voile sur cette scène déplorable; on ne rencontre que trop souvent dans nos rues ces images décrépites et cadavéreuses; affreux tableau qu'il serait impossible de peindre. Qu'on ne présume pas que nous imputons ces maux à nos maîtres; peut-être sont-ils inséparables de la nature même du travail; nos maîtres ne peuvent que les déplorer, et ne sauraient y apporter remède. »

Nous prouverons bientôt la fausseté de cette peinture sous tous les rapports; et à l'égard des enfans, aucun des travaux auxquels ils sont employés en grand nombre, tels que la couture, la fabrication des épingles, ou l'exploitation des mines de charbon, n'est, à beaucoup près, aussi salubre, aussi facile que celui des fabriques de coton. Remontons d'abord à la source de cette calomnie.

Ce fut à la suite de ces troubles, de ces plaintes, qu'on publia, en 1818, l'ordonnance de sir Robert Peel, pour régler les heures de travail dans les manufactures. Le même esprit d'insubordination ayant continué à se manifester, on promulgua un second bill, en 1825, et un troisième en 1831, sous le nom de J. C. Hobhouse. Peu après ce dernier bill, il y eut une assemblée générale des manufacturiers et des principaux habitans de Manchester; on y prit des mesures pour en assurer l'exécution, sous la direction d'un comité de surveillance. On s'aperçut bientôt que cette ordonnance ne suffisait pas pour protéger les enfans, que des ouvriers avides, ou des parens nécessiteux forçaient à travailler au-delà des heures prescrites; car elle donnait lieu à fausser le serment et à des mensonges continuels relativement à l'âge des enfans employés, par le fileur, à rattacher les fils rompus et à balayer les brins de coton épars sur le plancher. Comme le maître payait aux fileurs le salaire entier de ces rattacheurs et balayeurs, comme on les appelle, il avait un puissant motif pour s'opposer à ce qu'on les fît travailler trop long-temps, ou au-delà de leurs forces; car, dans l'un et l'autre cas, il en résultait une perte pour lui, et par la mauvaise qualité de son fil et par le déchet de son coton.

Il n'y a pas de manufacturier qui ne sache que ses fileurs cherchent à gagner le plus possible, en accélérant l'ouvrage et en prolongeant la journée ordinaire; il sait donc que, s'il fait cesser le travail une demi-heure plus tôt que ses voisins, il perdra infailliblement ses meilleurs ouvriers. C'est ainsi que les chefs de fabriques se maintiennent réciproquement dans leurs obligations relatives à la durée du travail, et aux taux des salaires. Comme les fileurs sont responsables de la qualité du fil filé, il est juste que le choix et l'engagement de leurs jeunes auxiliaires leur appartiennent; cependant s'ils les choisissaient trop jeunes, faibles ou maladroits, ils s'exposeraient à la censure des surveillans, du contre-maître et du chef de l'établissement. Or, tel fileur qui serait disposé à surcharger d'ouvrage des enfans trop jeunes, en est empêché directement par la surveillance, et indirectement par l'examen de la qualité de l'ouvrage : puisque, s'il est défectueux, le salaire subit une réduction, ou même le fileur est passible d'une amende.

Dans les filatures de coton, presque tous les enfans de quatorze ans et au-dessous sont employés aux métiers *mull-jenny*; et, sur cinquante, on en trouve quarante-neuf qui sont ou enfans ou parens du fileur qui les emploie, et qui dépendent entièrement de lui; car il peut les prendre à son service et les congédier quand bon lui semble. D'ailleurs la filature au *mull-jenny* ne pourrait faire aucun progrès, si ces auxiliaires n'étaient pas entièrement sous la dépendance de l'ouvrier. Il est donc leur seul maître et leur seul protecteur; aussi ces places sont-elles recherchées par les parens pauvres qui ont besoin du travail de leurs enfans. Ces faits incontestables nous offrent une preuve de l'absurdité et de l'injustice de ces reproches, propagés avec tant de chaleur contre les manufacturiers, qu'on accuse de cruauté envers les enfans qui leur sont confiés. La moindre recherche, le plus léger examen sur les lieux, aurait pu convaincre tout esprit impartial que les maîtres se sont constamment opposés à ce genre d'oppression; il y va de leur intérêt pécuniaire et de leur réputation, sans parler de l'humanité, qui leur en fait un devoir.

Rien ne démontre mieux la crédulité des hommes et surtout celle des habitans de nos îles britanniques, que l'empressement avec lequel on a ajouté foi aux rapports sur les cruautés commises par des chefs de manufactures sur de jeunes enfans. Ces calomnies ressemblent à celles que les païens répandaient contre les premiers chrétiens, lorsqu'ils les accusaient d'attirer des enfans dans leurs assemblées, pour les égorger, et pour les dévorer ensuite. L'exaltation ainsi produite par les insinuations perfides de *l'union ouvrière* fut portée jusqu'au délire par les faits dénaturés et les expositions mensongères que l'on évoqua devant la commission nommée par la Chambre des Communes pour l'examen du système manufacturier, dont M. Sadler était le président. La première séance eut lieu le 12 avril 1832, et la dernière le 7 août suivant. Alors la commission publia plus de 600 pages *in folio* de déclamations virulentes contre les manufacturiers. M. Tufnell, qui a examiné toute cette affaire avec impartialité, a fait sur ce document extraordinaire les observations suivantes, insérées dans son Rapport de la commission des *manufactures* au secrétaire d'État :

« Le choix des témoins qui devaient être

entendus par la commission, était des plus
étranges. Sur les quatre-vingt-neuf qui dépo-
sèrent, il n'y en avait que trois venus directement de Manchester, quoique ce soit la plus
grande ville manufacturière du royaume,
pour la fabrication du coton, seule branche
d'industrie dont la législation se soit occupée
jusqu'à présent; cependant on avait raisonnablement droit de s'attendre à obtenir des renseignemens importans relativement aux bills
précédens sur les manufactures. Mais aucun de
ces trois témoins n'était ni médecin, ni manufacturier, ni ecclésiastique. Le premier était
un pareur des chaînes des tissus; il est actuellement au nombre des délégués envoyés à Londres par les ouvriers du Lancashire, pour y ac-
célérer la décision du réglement projeté concernant les dix heures de travail dans les fabriques. Son collègue se nomme Doherty; et,
comme il est juste que le caractère des chefs
de cette affaire soit connu, nous devons dire
que ce Doherty arriva dès le principe à Manchester, muni de faux certificats, et qu'il y
subit plus tard deux ans d'emprisonnement
pour outrages envers une femme. Le second
témoin tient une petite taverne située dans un

des faubourgs de la ville, et le troisième est un athée.

Le premier étant à Londres, lors de mon voyage à Manchester, je ne pus l'examiner de nouveau, mais il refusa de corroborer sa première déposition devant le bureau central de la commission, lorsqu'on lui enjoignit de la répéter. J'adressai une sommation au second, et il refusa de comparaître. Le troisième se présenta; voici le commencement de son interrogatoire :

« Avez - vous quelque motif pour ne pas prêter serment ? — *R.* Je préfère m'en dispenser. Je consens à baiser le livre sale. Je ne jure que par la vérité, et je la saisis partout où je la rencontre.

« Croyez-vous à un Dieu ? — *R.* Pourriez-vous me dire ce que c'est que Dieu ? Dieu est incompréhensible. Je suis un homme de bonnes mœurs. Pendant mon séjour à Londres, je demeurais chez W. Carlile, *Fleet Street.* J'y étais en qualité de domestique de M. Carlile et du révérend Robert Taylor. [1]

« L'interrogatoire de cet homme remplit 9 pages *in-folio* du Rapport de la commis-

___
[1] Le lettré et le prédicateur des athées.

mission (celui de M. Sadler); la plus grande partie consiste en accusations, qui ont trente ou quarante années de date; et je me suis assuré, par les témoignages les plus recommandables, que toutes ses accusations spéciales et celles de ses deux acolytes contre les manufactures de coton sont *entièrement fausses.* » [1]

On peut juger, d'après cet extrait, de la nature des témoignages recueillis par M. Sadler contre les manufactures de tissus. Toutefois ces mêmes témoignages, joints aux exposés déclamatoires du président et de ses partisans parlementaires, firent naître un préjugé si violent, qu'un journal populaire, très répandu, s'exprima, dans son numéro du 28 mai 1833, en ces termes énergiques :

« L'état de ces enfans est réellement, à nos yeux, le crime le plus noir dont l'Angleterre ait à répondre au moment actuel. Quoi qu'en disent les membres de la commission (sur le système des manufactures), quelque nouveau moyen que puissent encore inventer ces manufacturiers inhumains, et quelle que soit la protection que les ministres puissent leur ac-

[1] Rapport supplémentaire du bureau central de la commission des *factories*, p. 209.

corder comme ils ont déjà encouragé le projet de cette commission, nous sommes convaincus que la Chambre des Communes réformée y apportera remède dans le plus court délai. »

Il parut dans le même journal un extrait d'une protestation adressée aux honorables membres de la commission du gouvernement pour les factories, lors de leur arrivée à Leeds : « Vous paraissez, » dit cette modeste adresse, « ignorer complétement le sujet de l'enquête « qui, pour être faite convenablement, exige « des connaissances et une expérience bien « différentes de celles que requièrent de sim- « ples recherches légales, » etc., etc., etc.

M. Sadler se trompait fort en dépréciant ainsi les facultés et le caractère des membres de la commission, qui n'étaient pas tous hommes de loi. Leur enquête et le rapport qui l'a suivie sont aussi remarquables par la perspicacité et l'impartialité de leur jugement, que le rapport de M. Sadler l'est pour des qualités diamétralement opposées. Cependant l'esprit public était tellement prévenu par le tableau des cruautés exercées dans les fabriques, que le même journal publia, le 18 juin, une autre censure remarquable, conçue en ces termes :

« Le gouvernement et les membres de la

« commission sont actuellement dans la bonne
« voie; nous espérons qu'ils arriveront au but,
« en conservant les mêmes dispositions, et en
« continuant à se rendre dignes, comme au
« commencement, de la même approbation
« reconnaissante. Il était grandement temps
« de mettre la main à l'œuvre, après la publi-
« cation du dernier rapport de M. Sadler,
« sinon pour le bien de l'humanité et par res-
« pect pour la religion, qui nous fait un devoir
« de mettre un frein à une oppression barbare
« et de protéger la faiblesse de l'innocence, du
« moins pour sauver notre caractère moral de
« l'ignominie, et détourner de notre système
« manufacturier la haine et l'horreur qu'il in-
« spirait à toutes les autres nations. Nous
« n'avons pas oublié l'époque à laquelle la bar-
« barie de la traite des nègres avait inspiré tant
« d'horreur aux plus zélés partisans de son
« abolition, qu'ils s'abstinrent de l'usage du su-
« cre, comme étant le fruit du travail des es-
« claves; et, s'il faut en croire la sincérité d'un
« des orateurs de la principauté de Darmstadt,
« il ne serait pas impossible que l'Allemagne,
« indignée de notre *traite des blancs* en An-
« gleterre, n'en vînt à discontinuer ses rela-
« tions commerciales avec ce pays. Dans un

« débat qui s'éleva dans les états de Darmstadt,
« sur un projet de loi pénale, pour réprimer la
« cruauté envers les animaux, le baron de
« Gugern, bien connu par plusieurs brochures
« politiques, saisit l'occasion de dire que le
« système manufacturier de l'Angleterre sur-
« passait encore en cruauté l'oppression contre
« laquelle on voulait protéger en Allemagne
« la classe inférieure. *Cette peinture n'est pas*
« *exagérée, en ce qui regarde notre popula-*
« *tion manufacturière;* mais il a tort de l'ap-
« pliquer indistinctement à toute notre popu-
« lation. Il semble croire que l'Angleterre n'est
« qu'une immense manufacture; que tous nos
« enfans et toute notre jeunesse sont employés
« à filer du coton ou à tisser des calicots pour la
« consommation de l'Allemagne; et que, par
« suite de ce travail, il existe une grande dif-
« férence entre un village anglais et un village
« allemand. Nous pourrions répondre à M. Gu-
« gern, et à nos consommateurs allemands, ce
« qu'il est inutile de dire à nos compatriotes;
« c'est que, s'il est vrai qu'un grand nombre
« d'enfans de nos villes manufacturières sont
« soumis aux fatigues et aux restrictions qu'il
« décrit avec un ton si pathétique, cependant
« la plaie ne s'étend pas sur tout le pays; et

« nos villages sont souvent aussi heureux
« qu'aucun de ceux des autres nations qui
« achètent nos calicots et nos toiles de coton. »[1]

Le 5 juillet 1833, lors de la discussion dans la Chambre des Communes du bill de lord Ashley, dont l'objet était de limiter à dix heures par jour la durée du travail, lord Althorp, chancelier de l'échiquier, déclara que, « considérant les dispositions du bill, il ne pouvait s'empêcher d'appréhender, si on lui donnait force de loi sous sa forme actuelle, qu'il ne produisît l'effet le plus préjudiciable à l'intérêt manufacturier du pays ; il est inutile d'ajouter, continua-t-il, que si l'effet de l'intervention législative est d'augmenter les avantages des étrangers en concurrence avec nous, loin d'être un bienfait pour la classe indigente, qu'il s'agit de protéger, une mesure de ce genre deviendrait au contraire un des plus grands maux qu'on puisse infliger à la population manufacturière. Si je m'exprime ainsi, c'est qu'il suffit d'appeler l'attention de la Chambre sur l'état de nos districts manufacturiers, pour démontrer que toute mesure tendant à diminuer les demandes et le débit de nos produits, aurait pour résultat

[1] *Times*, 18 juin 1833.

un manque d'ouvrage parmi toute la population de ces mêmes districts, et produirait par conséquent les effets les plus déplorables. Je ne prétends pas dire qu'on ne doive rien faire dans les circonstances actuelles; d'après les impressions générales dans tout le pays, il faut absolument que le Parlement intervienne, et protége de malheureux enfans qui gémissent sous une oppression cruelle, et qui sont traités avec la sévérité la plus rigoureuse. » Mais lorsque le noble lord, après avoir considéré l'âge des parties, alla jusqu'à fixer la courte durée de dix heures pour le travail, il lui parut que ce temps était trop restreint pour les adultes, d'autant plus que tous les argumens émis dans la Chambre avaient rapport aux enfans de neuf, dix et onze ans seulement, et non aux adultes, à qui on laissait le choix de travailler ou de ne pas travailler, comme ils le jugeraient à propos. La Chambre, ainsi que les membres de la commission, était d'avis que la protection accordée jusque-là aux enfans n'était nullement suffisante. « Que la Chambre « se borne donc à ce sujet, sans s'occuper « de ceux à qui son intervention serait inu- « tile, attendu qu'ils sauront choisir pour eux- « mêmes. Or, si la Chambre y adhérait, il était

« d'avis de renvoyer la question devant une
« commission spéciale, et il proposait que les
« enfans au-dessous de l'âge de quatorze ans
« ne travaillassent que huit heures par jour. »

« Le grand point que défend lord Ashley,
ajouta le chancelier de l'échiquier, et auquel
tout honnête homme donnerait son appui,
c'est de procurer aux enfans les avantages
de l'éducation ; et il était impossible qu'ils y
parvinssent, tant qu'ils seraient contraints à
un travail journalier et continu ; il lui semblait
donc qu'on devrait veiller à ce que les enfans
pussent jouir de ce bienfait dans les intervalles que leur laissait leur travail, et qu'on
inspecterait les établissemens pour y maintenir l'exécution des nouveaux réglemens. »

Lord Ashley dit : « Qu'il ne s'opposait pas
« à ce que les enfans au-dessous de treize ans
« ne travaillassent que huit heures ; il ne faisait
« non plus aucune objection au système d'édu-
« cation forcée dont il avait été fait mention :
« car il avait toujours vu avec regret, en An-
« gleterre, tant de milliers d'êtres privés de
« ce bonheur. » Il convenait à lord Althorp,
comme ministre de la couronne, continua lord
Ashley, « de se mettre ainsi en avant ; s'il ju-
« geait à propos d'aller plus loin, il trouverait

« en moi un zélé partisan ; et s'il lui plaisait
« d'étendre ainsi sa protection, non seulement
« aux enfans employés dans les fabriques, mais
« à tous ceux qui éprouvent la même priva-
« tion, il serait non seulement le plus grand
« bienfaiteur de son pays, mais le plus illustre
« ministre qui ait jamais existé. »

Un célèbre membre irlandais s'écria : « Que
tardons-nous donc à faire une loi? D'un côté
se trouvait le nombre des enfans égorgés dans
une année ; de l'autre, la possibilité d'une
perte dans le débit d'une certaine partie de
calicots. La protection devrait s'étendre jusqu'à vingt et un ans, ou au moins jusqu'à
dix-huit »; alléguant, comme point de droit,
que le lord chancelier avait sous sa protection
immédiate tous les mineurs au-dessous de vingt
et un ans, et que la Chambre des Communes
devait agir en qualité de chancelier universel!!

Le 18 juillet, lord Althorp proposa à la
Chambre des Communes un amendement au
bill de lord Ashley, à l'effet de n'accorder protection qu'à ceux qui ne pouvaient se protéger
eux-mêmes, et de laisser les adultes agir à leur
gré. Cet amendement fut adopté par 238 voix
contre 93, c'est-à-dire à une majorité de 145
voix.

Certes, tout esprit impartial s'étonnera qu'il ait pu se trouver quatre-vingt-treize membres dans la Chambre des Communes du royaume-uni qui aient osé voter qu'on ne permettrait pas à un ouvrier adulte, d'une classe quelconque, de travailler plus de dix heures par jour. Il n'y a pas de pouvoir législatif dans toute la chrétienté qui eût souffert l'idée d'une pareille atteinte à la liberté individuelle. Les manufacturiers du Gloucestershire envisagèrent cette proposition sous son vrai point de vue, en disant qu'elle semblait « *sortir des ténèbres des siècles antérieurs*, lorsqu'on voyait les gouvernemens se charger de contrôler, de diriger et de punir tous les métiers, toutes les industries et toutes les vocations, pour apporter quelque modification à leurs opérations ordinaires. » M. Tufnell ne trouve pas que ces manufacturiers se soient exprimés assez fortement.

Nous allons maintenant entrer dans quelques autres détails sur l'origine de ce torrent de mensonges et de diffamations qui se répandirent par tout le pays, et qui furent sur le point de convertir les champs fertiles de l'industrie en *un abîme de désespoir.*

On a déjà vu que *l'Union des fileurs* avait

déclaré que leur travail habituel était dur, pénible et malsain au plus haut degré. Le but de leurs plaintes était évidemment d'intéresser la communauté en leur faveur, à l'époque de leur rébellion en 1818. Peu après cette crise, quelques individus de leur comité-directeur s'imaginèrent que s'ils parvenaient à réduire la quantité de coton filé annuellement, il en résulterait une disette au marché, qui amènerait nécessairement la hausse dans les prix, et par conséquent une augmentation de salaire! Ils proposèrent donc d'abréger les journées en les réduisant à dix heures de travail; c'était un grand remède contre un salaire trop médiocre et un travail trop fatigant, bien qu'à cette époque ils gagnassent au moins trois fois autant que les tisserands au métier, pour le même nombre d'heures de travail; ce qui leur ôtait tout sujet de se plaindre de leur sort. C'était en effet leur salaire élevé qui les mettait à même d'entretenir à leurs frais un comité, et d'user d'un régime tellement substantiel et excitant, en raison de leur travail sédentaire, que beaucoup d'entre eux en étaient malades. Ils savaient bien que s'ils eussent clairement énoncé leurs vues et leurs réclamations, on n'y aurait même pas eu égard; mais ils eurent l'art d'y mêler des récits de cruauté et d'oppression exercées sur les enfans pour leur faire prolonger leur travail, et ce stratagème réussit à leur faire des prosélytes parmi les gens bien intentionnés. Ce n'était pour ainsi dire que les fileurs aux mull-jenny qui suscitaient ces clameurs sur le sort des enfans et sur les dix heures de travail. Ceci prouve évidemment combien l'esprit humain s'égare aisément lorsqu'il est dominé par la passion; car dans les filatures de coton, les plus jeunes enfans n'étaient employés que par les fileurs eux-mêmes, qui presque toujours étaient leurs parens, et parfaitement libres de les prendre ou de les renvoyer. Il n'y avait donc qu'eux qui fussent capables de les maltraiter, puisqu'ils étaient les seuls arbitres de leur sort, et les seuls responsables envers le public et envers les parens. Le chef de la manufacture ne pouvait jamais intervenir qu'en leur faveur pour les garantir du caprice de ces soi-disant défenseurs de l'humanité, qui seuls pouvaient exercer une tyrannie envers leurs subordonnés. On peut juger par ces détails de l'impudence de *l'Union des fileurs* et de la crédulité de leurs partisans au Parlement et ailleurs. S'il s'est jamais commis des cruautés, les ouvriers étaient les seuls coupables; ce sont eux qu'on aurait dû poursuivre pour ces mêmes crimes, ou du moins pour en avoir grossièrement imposé au public dans le but de servir leurs vues personnelles et illicites. Lorsqu'ils eurent obtenu la sympathie si peu méritée des véritables philanthropes, ils ne mirent plus de frein à leur audace. Huit jours après l'arrivée à Manchester des membres de la commission royale, *les Unionistes* mirent en scène dans une procession publique, les infortunes des enfans. Ils en réunirent environ quatre mille des plus jeunes, revêtus de haillons, qu'ils promenèrent dans les rues. Ils se mirent, eux et leurs partisans, à la tête de cette troupe, brandissant des lanières et des bâtons, comme emblêmes de la tyrannie de leurs maîtres, mais qui n'étaient en réalité que les instrumens de leur propre scélératesse, dont ils avaient pu se servir pour satisfaire leur mauvaise humeur.

S'il est admis comme maxime d'équité, chez toutes les nations, que les fausses accusations doivent retomber sur la tête de leurs auteurs, quel châtiment doit-on infliger à ceux qui, après avoir commis sur leurs serviteurs des actes de sévérité inouïe, exagèrent encore le mal pour en faire peser toute la responsabilité sur la tête d'hommes innocens, qui non seulement en ignorent l'existence, mais qui en sont les ennemis déclarés?

Voici l'extrait d'un interrogatoire sous serment adressé à des témoins respectables; il vient à l'appui des faits qui précèdent. « Qui est-ce qui bat les enfans? — C'est le fileur. — N'est-ce pas le maître? — Non; les maîtres n'ont rien à démêler avec les enfans : ce ne sont pas eux qui les emploient. — Est-ce vous (fileur), qui occupez et qui payez vos rattacheurs? — Oui, c'est la règle générale à Manchester; mais notre maître tient strictement à ce que nous ne les prenions pas au-dessous de l'âge requis. — Les enfans sont-ils jamais battus? — Quelquefois on les bat, mais légèrement; ils causent quelquefois du déchet dans la marchandise, alors il faut bien les corriger; mais c'est à l'insu du maître : il ne permet jamais qu'on les batte. »[1]

Aucun maître ne veut avoir dans ses ateliers des enfans volontaires, qu'il faudrait battre pour les rendre attentifs à leur ouvrage. Aussi

---

[1] Supplément au rapport de la commission des *factories*, p. 193.

le fileur est-il congédié ou mis à l'amende, s'il apprend qu'il maltraite ses aides; en sorte qu'il est rare qu'il se commette des actes de brutalité. J'ai visité un grand nombre de fabriques, à Manchester et dans les districts environnans; durant plusieurs mois, je suis entré dans les ateliers de filature, à l'improviste et souvent seul, à toute heure du jour, et jamais je n'ai été témoin d'un seul exemple de châtiment infligé à un enfant; je n'ai même jamais vu un enfant de mauvaise humeur. Ils paraissent tous joyeux et alertes, prennent plaisir à exercer leurs muscles, et jouissent de la vivacité naturelle à leur âge. Cette scène d'activité industrielle, loin de m'attrister, excitait en moi une émotion délicieuse. J'avais du plaisir à observer l'agilité avec laquelle ces enfans rattachaient les fils rompus, à mesure que le chariot commençait à reculer du porte-cylindre, et à les voir, après qu'ils avaient exercé leurs petits doigts pendant quelques secondes, prendre à loisir toutes sortes d'attitudes aisées, jusqu'à ce que le tordage et l'envidage de l'aiguillée fussent de nouveau achevés. Le travail de ces petits espiègles ne semblait être qu'un jeu dans lequel l'habitude leur donnait une dextérité gracieuse. Connaissant bien leur adresse, ils étaient enchantés d'en faire preuve devant un étranger. Quant à la fatigue de la journée, ils n'en donnaient aucun signe lorsqu'ils sortaient le soir : car ils se mettaient à sauter et à courir les uns après les autres sur le premier gazon qu'ils rencontraient, et commençaient leurs jeux enfantins avec le même empressement que des écoliers qui sortent de la classe. Je suis d'ailleurs pertinemment convaincu que si les enfans sont bien traités par leurs parens ou par leurs tuteurs, et s'ils reçoivent en nourriture et en vêtemens la valeur de leur salaire, ils se portent mieux, employés dans nos fabriques modernes, que lorsqu'on les laisse à la maison dans des chambres trop souvent mal aérées, froides et humides.

Une particularité des plus curieuses dans toute cette discussion, c'est la diversité des raisons alléguées à l'appui du réglement des dix heures, par les chefs de cette croisade philanthropique, et par les ouvriers eux-mêmes dans leurs districts manufacturiers. A Londres et dans les comtés agricoles, *l'Union des fileurs* réussit parfaitement à faire des dupes, en présentant des images romanesques de l'*esclavage des blancs*, et des hécatombes d'enfans offerts annuellement en sacrifice sur des piles de calicot érigées à Mammon. Mais ce n'était pas dans le Lancastshire qu'ils osaient propager ces impudens mensonges ; ils craignaient d'abord de devenir un objet de risée des autres classes d'ouvriers, et aussi que des hommes d'un rang plus élevé ne les accusassent eux-mêmes de cruauté cachée ou d'imposture ouverte. Tout le monde se serait écrié : *Si les enfans sont maltraités, vous êtes les seuls criminels.* Le fait est que de tous les témoins qui comparurent devant M. Tufnell, pour l'affaire du réglement des dix heures (et il s'était fait une loi de ne jamais renvoyer un seul témoin en faveur du réglement, mais d'interpeller au contraire ceux qui ne se seraient pas présentés d'eux-mêmes), il n'y en eut pas un seul, quel que fût son métier ou sa condition, qui l'appuyât par pure sympathie pour les enfans. Il est prouvé, par les témoignages les plus éclatans, que ces motifs n'y entraient pour rien. Dans le grand nombre de preuves, nous en choisirons une ou deux.

« Pour quel motif les ouvriers en général sollicitent-ils le réglement des dix heures de travail ? — Ils s'imaginent qu'on ne diminuera pas le prix du travail, que moins il y aura de fil au marché, plus les prix s'élèveront, et qu'on augmentera par conséquent leur salaire. Voilà, j'en suis persuadé, quelle est leur opinion générale. — Croyez-vous, s'ils étaient sûrs que cette augmentation de salaire n'eût pas lieu, qu'ils persistassent à solliciter le réglement? — Non, ils ne le demanderaient pas. — Le désir de diminuer le travail des jeunes enfans n'entre-t-il pour rien dans leurs motifs? — Pas du tout.

« Pourriez-vous expliquer pourquoi les ouvriers se récrient tant sur la cruauté d'employer des enfans trop jeunes dans les fabriques, tandis qu'il paraît que, dans ce cas, ce sont eux-mêmes qui sont à blâmer? — Autant que j'en puis juger, ils présument que si l'on diminuait la durée du travail, leur revenu resterait le même qu'à présent; voilà l'opinion qui existe parmi nos hommes; la plupart des fileurs auxquels j'ai parlé me l'ont dit.

« Vous ne croyez donc pas que le désir de diminuer le travail des enfans soit leur véritable motif? — Non, je n'en ai jamais rencontré un qui eût un tel sentiment pour les enfans; ils disent tous qu'il serait fort agréable de ne travailler que dix heures et de recevoir le même salaire.

« Et s'ils pensaient qu'on réduisît leur salaire d'un sixième (deux heures sur douze), croyez-vous qu'ils demanderaient les dix heures de travail? — Non; quand même on ne leur retrancherait qu'un schelling. »

Il nous serait facile de multiplier ces exemples; rien ne peut faire mieux ressortir l'absurdité des attaques récemment dirigées contre notre système manufacturier. Les ouvriers, aveuglés par l'envie, et égarés par l'appât du gain, ont réellement besoin qu'on les défende eux-mêmes contre leur propre système de diffamation. Je suis persuadé que l'accusation générale de cruauté est sans fondement, même parmi cette classe d'individus. Ils n'osent pas être cruels; car ils redoutent le juste ressentiment de ces mêmes maîtres qu'ils accusent si faussement de cruauté. Sans doute, on voit quelques exemples de mauvais traitemens dans les fabriques, comme dans les familles et dans les écoles, et l'on en rencontrera partout où la nature dépravée de l'homme n'est pas relevée par l'esprit du vrai chrétien; mais ces exemples sont extrêmement rares. Il y aurait une grande exagération à prétendre qu'ils équivalent à un dixième des maux qu'ont à souffrir les enfans qu'on emploie à la fabrication des épingles, et à la plupart des travaux agricoles.

Puisque le travail des fabriques ne nuit pas plus que tout autre travail, moins bien payé, au bien-être de ceux qui y sont employés, ce que nous allons démontrer, nous demandons pourquoi les ouvriers cherchent à l'entraver par des restrictions législatives? C'est parce qu'ils calculent, avec raison, qu'une loi qui forcerait leurs maîtres à renvoyer, au bout de dix heures de travail, tout individu au-dessous de dix-huit ans, les contraindrait de fait à arrêter leurs filatures. Mais comme ils produiraient alors un sixième de fil de moins, ils seraient obligés d'en élever le prix, ou de fermer leurs fabriques. Or, les ouvriers sachant, par expérience, qu'une hausse de prix entraîne une augmentation de salaire, comme un effet naturel de l'accroissement des demandes dans le commerce, ils en concluent qu'une hausse obtenue par le moyen factice d'un acte du Parlement, produirait le même effet sur leurs salaires, indépendamment de l'accroissement des demandes de marchandises. C'est sur ce point que leur économie politique se trouvait gravement en défaut. Ils tombaient dans l'erreur grossière de confondre la hausse résultant d'un accroissement de demandes, avec l'augmentation causée par des difficultés ou des frais de production. Ces deux causes sont essentiellement distinctes : l'une augmente la consommation, l'autre la diminue. Il serait inutile de s'occuper plus long-temps à réfuter une absurdité aussi palpable que celle de croire que, dans l'état actuel du monde industriel, dix heures de travail peuvent rapporter le même salaire que douze ; tandis que le bénéfice du produit se trouve nécessairement réduit dans une proportion bien plus grande que celle de douze à dix, attendu que le montant du capital reste le même qu'auparavant.

Il est donc certain que le motif ostensible, allégué en public avec tant de chaleur en faveur du réglement des dix heures de travail, n'est basé sur aucun fondement solide; que les enfans employés dans les filatures de coton ne souffrent pas du tout de leur travail, et qu'en général ils n'en sont pas surchargés. L'opinion contraire est tout-à-fait décréditée dans le premier district manufacturier de l'Angleterre. S'il n'en était pas ainsi, comment pourrait-on expliquer ce fait, que des personnes très recommandables sont dans l'habitude d'envoyer leurs enfans travailler le nombre d'heures prescrites dans les fabriques bien organisées. Par exemple, M. Rowbotham est contre-maître de près de quatre cents ouvriers, dans les ateliers de M. Birley, et jouit d'une considération égale à celle d'un boutiquier de Londres; il a voulu que tous ses enfans fussent élevés dans les fabriques de coton; et trois d'entre eux, sur quatre, étaient dans la partie que l'on considère comme la plus malsaine, la carderie. Pouvons-nous supposer que M. Rowbotham, et cent autres comme lui, aiment assez peu leurs enfans, pour les exposer à contracter des infirmités et à souffrir tous les maux que décrit M. Sadler dans son Rapport sur les manufactures? Ou bien sont-ils assez peu observateurs pour ne pas avoir découvert, s'il était possible que cela fût, qu'un travail de onze à douze heures, dans une filature de coton, est nuisible à leurs enfans? De deux choses l'une : ou les rapports des maux endurés par les enfans sont faux, ou les habitans du Lancashire n'ont ni intelligence, ni humanité, ni tendresse paternelle. Si ceux qui connaissent le mieux les villes manufacturières, et qui y résident constamment, ne basent pas leur défense du réglement des dix heures sur un principe d'humanité; si, au contraire, ils prouvent par leur conduite qu'ils ne croient pas à ce prétexte, quel témoignage pourra l'emporter sur cet argument, ou seulement le contre-balancer? Il neutralise, il anéantit toute la rhétorique des sophistes. Si tous les médecins de Londres le contredisaient, tous les méde-cins de Londres auraient tort; si les relevés statistiques des bureaux de santé, ou les ta-bles de mortalité, présentent un résultat con-traire, ces documens sont faux. Tous les té-moignages divers qu'on pourrait ramasser de toutes parts ne sauraient renverser cette sim-ple évidence, sans conduire à la conclusion absurde que toute la population des districts dont nous venons de parler est dépourvue de jugement et de sens commun. [1]

Il paraît être de toute évidence que, si nos ouvriers des fabriques mettent de l'économie dans leurs dépenses, leur salaire suffit pour les faire vivre avec aisance et beaucoup mieux qu'autrefois, par suite de la diminution du prix des vivres, du combustible, des loyers et des vêtemens. Mais les manufacturiers ap-préhendent que le taux moins élevé des salai-

____

[1] M. Tufnell's *factory commission report.*

res, et la vie moins dispendieuse des ouvriers du continent et des États-Unis, ne mettent bientôt leurs rivaux étrangers à même de produire plusieurs espèces de cotonnades à plus bas prix qu'ils ne pourront le faire, si la concurrence reste au même niveau qu'elle a gardé depuis plusieurs années. La moyenne des salaires que reçoivent tous les ouvriers employés dans les ateliers de MM. Leeds, à Gorton, est de 12 s. par semaine, pour chaque ouvrier, quel que soit son âge; et comme cet établissement occupe sept cent onze personnes, de neuf à quarante ans, il doit répandre dans son voisinage une grande aisance. Dans celui de M. Ashton, à Hyde, la moyenne des salaires pour les hommes est de 21 sch. par semaine, tandis que celle des ouvriers qui ne travaillent pas dans les fabriques n'est que de 14 sch. Le tableau suivant, qui fait connaître le taux des salaires dans quarante-trois des principales fabriques de Manchester, offre une preuve irrécusable de ce que nous avançons.

TABLEAU

Représentant le nombre d'individus de différens âges, hommes ou femmes, employés dans quarante-trois filatures de coton, à Manchester : le terme moyen du gain net par semaine, pour chaque âge et pour chaque sexe, la proportion pour cent, de chaque âge et de chaque sexe relativement au nombre total des individus employés ; et la proportion pour cent du total de chaque âge relativement au total général des individus employés.

AGES.	Nombre d'hommes.	Terme moyen du gain net par semaine.		Proportion du nombre.	Nombre des femmes.	Terme moyen du gain net par semaine.		Proportion du nombre.	Nombre de chaque âge.	Proportion de chaque âge.
		s.	d.			s.	d.			
De 9 à 10	498	2	$9\frac{7}{8}$	$2\frac{1}{8}$	290	2	$11\frac{1}{2}$	$1\frac{1}{8}$	788	4,58
—10—12	819	3	8	$4\frac{1}{4}$	538	3	$9\frac{1}{2}$	$3\frac{1}{8}$	1,357	7,87
—12—14	1,021	5	$0\frac{1}{2}$	$5\frac{7}{8}$	761	4	$10\frac{1}{2}$	$4\frac{1}{8}$	1,782	10,34
—14—16	853	6	$5\frac{1}{2}$	$4\frac{7}{8}$	797	6	$4\frac{1}{4}$	$4\frac{5}{8}$	1,650	9,57
—16—18	708	8	$2\frac{1}{2}$	$4\frac{1}{8}$	1,068	8	$0\frac{1}{2}$	$6\frac{1}{4}$	1,776	10,30
—18—21	758	10	4	$4\frac{1}{8}$	1,582	8	11	$9\frac{1}{2}$	2,340	13,58
—21 et au dessus	3,632	22	$5\frac{1}{4}$	21	3,910	9	$6\frac{1}{2}$	$22\frac{1}{4}$	7,542	43,76
	8,289				8,946				17,235	

Fig. 85. — Filature de coton au métier mull jenny.

De tous les préjugés qui existent à l'égard du travail des fabriques, il n'en est aucun qui soit moins fondé que celui qui représente ce travail comme infiniment plus ennuyeux et plus fatigant que tout autre, parce qu'il doit suivre le mouvement continu de la machine à vapeur. Dans une filature ou une tisseranderie de coton, le plus pénible de l'ouvrage se fait par la pompe à vapeur, qui ne laisse à l'ouvrier aucun travail fatigant ; il n'a même en général rien à faire, si ce n'est d'exécuter de temps à autre quelque opération délicate, comme celle de rattacher les fils qui cassent, de retirer les cannettes des broches, etc. Il est si peu vrai que le travail d'une *factorie* soit continu, parce que le mouvement de la pompe est continu, que c'est précisément parce qu'il marche d'accord avec elle que l'ouvrier peut s'arrêter de temps en temps. Parmi tous les travaux de manufacture, les plus continus sont ceux où l'on n'emploie pas les machines à vapeur, comme dans le tricotage des bas et la fabrication de tulle à la main ; et si l'on veut qu'un travail ne soit pas sans relâche, il suffit d'y introduire une machine à vapeur. Ces remarques sont surtout applicables au travail des enfans dans les fabriques ; les trois quarts d'entre eux sont occupés à rattacher pour les mull-jenny. «Lorsque les chariots», dit M. Tufnell, « se sont éloignés à un pied et demi ou deux des rouleaux, le fileur ni le rattacheur n'ont plus rien à faire. [1] » Ils restent tous deux oisifs [2] pendant quelque temps, trois quarts de

[1] *Supplementary report of factory Commissioners*, p. 205.

[2] La vue du filage au métier mull-jenny, insérée à la page 211 de l'Histoire statistique de la manufacture du coton, par M. Baines, prouve jusqu'à quel point, en général, un artiste est incompétent pour dessiner un système de mécanique. Il a rendu l'effet pittoresque, sans avoir égard à la vérité ni aux convenances. D'abord il a placé les mull-jenny sous les mansardes, et les a éclairés par des abat-jour, afin de faire voir la toiture en fonte d'une fabrique. Or, dans la filature au mull-jenny, il faut au contraire un jour horizontal, et jamais on ne place ces métiers au grenier dans les établissemens modernes. Les greniers servent pour les préparations, telles que le dévidage, l'ourdissage, le doublage, l'apprêt du tissage, etc. En second lieu, il représente les rattacheurs rejoignant les fils, à cinq pieds de distance des bouts, de sorte qu'il leur faudrait des bras longs de six pieds au moins pour le faire. Dès qu'un fil casse, l'un des bouts s'entortille autour du cylindre cannelé au porte-système et l'autre autour du sommet de la broche du chariot, de manière que, d'après la position du chariot dans son tableau, il y aurait environ cinq pieds d'intervalle entre les bouts rompus. Troisièmement, il représente le fileur occupé de la baguette à fil de fer tendu du métier qui est devant lui, ce qu'il ne devrait pas faire : car

minute ou plus, surtout dans la filature de coton en fin. Or, si un enfant y est occupé douze heures par jour, il reste donc neuf heures dans l'inaction ; et quoiqu'il ait parfois deux mull-jenny à soigner, il a encore six heures de repos. Dans ces intervalles les fileurs s'occupent souvent à lire. « Les balayeurs », dit M. Sadler dans son rapport, « sont toujours dans un état de tristesse et de terreur ; et dès

c'est dans ce moment que, d'après le principe automatique, le chariot est en train de sortir. Il devrait alors être tout près de la tête du métier opposé prêt à repousser le chariot d'une main, et de l'autre à guider la baguette à fil de fer tendu pour diriger l'envidage du fil sur les broches.

Toutes les opérations ont été singulièrement travesties dans cette gravure. La filature au mull-jenny, telle qu'elle y est représentée, serait en effet l'esclavage continuel décrit par M. Sadler et ses partisans ; ce serait le travail des Danaïdes, une œuvre sans fin et sans relâche. Mais le fileur n'a rien à faire, tandis que le chariot étire et file lentement le fil ; les rattacheurs n'ont rien à faire non plus, pendant l'allée et venue du chariot ; mais ils doivent saisir le moment où il est proche du porte-système pour rattacher les fils ; s'ils perdent cette occasion, il faut qu'ils attendent qu'une autre marche soit achevée. Si les jeunes gens étaient placés, au moment supposé, comme on les voit dans la gravure, ils ne manqueraient pas de recevoir une forte réprimande du fileur, ou, ce qui est plus probable, ils seraient congédiés pour leur sottise. *Voyez notre Planche 56, page 49.*

qu'ils ont un moment de répit, on les voit, couverts de sueur, s'étendre sur le plancher »[1]. Cependant on les voit, dans les filatures de coton, s'arrêter parfois quatre minutes de suite, ou s'exercer en folâtrant, sans se douter des scènes tragiques dans lesquelles on leur fait jouer un rôle.

La plupart des opérations qui s'exécutent à l'aide des machines à vapeur, exigent un travail plus relevé, ou du moins plus suivi que celles qui se font à la main. C'est l'esprit qui agit alors plutôt que les membres, et c'est ce qui constitue un travail d'art, qui est toujours mieux payé qu'un travail purement manuel. D'après ce principe, on peut aisément rendre raison du salaire élevé que reçoivent les ouvriers de tout âge, dans nos fabriques. Le battage du coton à la main pour la filature en fin, doit certainement être le travail le plus pénible d'une fabrique; il est exécuté exclusivement par des femmes, sans le secours de la pompe à vapeur, et ressemble en quelque sorte au battage du grain. Néanmoins celles qui y travaillent ne gagnent pas plus de 6 sch. 6 d. par semaine; tandis que tout auprès d'elles se trouve le métier mull-jenny en gros,

[1] *Report of Mr. Sadler's factory committee*, p. 525.

dont les ouvrières, car ce sont des femmes, ou même des enfans de quatorze ans, gagnent le double, en faisant un travail bien moins fatigant. Dans le tissage au métier mécanique, les ouvrières sont bien payées ; et l'effort musculaire est peu considérable, car elles s'exercent souvent à suivre le mouvement du battant et s'y appuient sur les bras. On peut croire que ce genre d'occupation est très sain, si l'on juge d'après l'apparence des femmes qu'on y emploie dans tous les établissemens bien dirigés, en Angleterre ou en Écosse. [1]

Plus le travail des fabriques est délicat, plus il est facile et agréable. La filature en fin, par exemple, est moins pénible à Manchester, à cause de la lenteur avec laquelle le mécanisme marche pour faire le fil fin. Les mull-jenny des numéros 30 et 40 font en général trois marches par minute ; mais ceux des numéros plus élevés n'en font qu'une dans le même temps. Pendant les trois quarts, ou environ de cette minute, les rattacheurs, au nombre de quatre, cinq, ou plus, qui soignent la paire de métiers de 460 broches chacun, n'ont absolument rien à faire : on les voit fort

---

tranquilles jusqu'à ce que le chariot recommence sa marche; alors ils se mettent en devoir de raccommoder les fils qui se sont brisés, ou que l'on a brisés exprès pour ôter quelque nœud. Le rattachage est aussitôt terminé, car le chariot ne s'arrête pas un instant; et quand il est éloigné d'environ deux pieds du porte-cylindre, la mèche n'est plus à la portée des rattacheurs; ce qui leur laisse encore un intervalle de repos. Il y a si peu de balayage dans la filature en fin, en raison du peu de déchet que donne la nappe de coton, que cette besogne se fait ordinairement par un des rattacheurs. Par la même raison, il n'y a presque pas de poussière dans ces ateliers.

Les filatures en fin de Manchester, qui ont été si rudement dépréciées par les partisans du réglement des dix heures, sont, de fait, le triomphe de l'art et la gloire de l'Angleterre. Pour la beauté, la délicatesse et l'industrieuse combinaison de leurs machines, elles surpassent toutes les autres productions de l'art humain. Rien n'approche de l'ordre admirable qui règne dans ces établissemens, ni de la valeur de leurs produits. Quand on a filé 350 écheveaux qui ne contiennent qu'une livre de coton, on a une longueur de fil presque incroyable; une longueur de 294,000 yardes ou 167 milles anglais, et le prix de la matière première, qui était de 3 sch. 8 d., s'est accru jusqu'à une valeur de plusieurs *guinées*. Cette branche de l'industie anglaise est absolument sans rivale; et, malgré les infatigables efforts de nos ingénieux voisins en France, elle met encore à contribution tous les fabricans de mousseline et de tulle à l'étranger. Il y a quelque temps nos manufacturiers craignaient de se voir écrasés, par la concurrence étrangère, dans la filature des numéros inférieurs, tels que les 4 à 5, ainsi que dans le tissage. Depuis sept ans, non seulement la Suisse s'est suffi à elle-même, mais elle a fourni à ses voisins cette qualité inférieure que l'on peut considérer comme le principal article de coton filé. Il paraît que la durée du travail, dans les filatures de coton de Manchester, est plus courte d'une heure ou deux heures que dans toute autre partie du monde où l'on s'occupe de la filature du coton. Que les machines de l'étranger soient égales ou non aux nôtres, ce n'est là qu'une partie de la question relative à la concurrence étrangère. Comme le débit de nos marchandises dépend en grande partie de la modicité de nos prix, leur augmentation causerait un décroissement notable dans la consommation ; décroissement toujours plus considérable, proportion gardée, que la hausse du prix. Plus le marché est éloigné, plus il faut baisser le prix pour être en garde contre les événemens, sans quoi les marchandises peuvent se trouver dépréciées par les produits des mécaniques les plus imparfaites, mais qui travaillent à moins de frais. Un *tanty*, ou tisserand de Madras, vivrait un an avec le salaire que gagne en quinze jours un tisserand au métier mécanique de Hyde. D'après le témoignage de MM. Greg, Birley, Woole, Kirkman-Finlay, et plusieurs autres manufacturiers très instruits et très distingués, il paraît que les bénéfices de notre commerce de coton ont bien diminué depuis quelques années, par suite de la concurrence étrangère ; ils dérivent en grande partie de l'abondance des capitaux et du taux peu élevé de l'intérêt en Angleterre. Les bénéfices qui résultaient autrefois de notre monopole de la filature de coton, ont cessé depuis long-temps, attendu que les produits ont excédé les demandes. Aujourd'hui, il n'y a pas une seule fabrique à Manchester où l'on travaille de nuit, et il n'y en a qu'une dans le voisinage immédiat, où après huit heures du soir on fait travailler trente-six ouvriers sur trois cent trente-huit qui y sont occupés le jour.

Est-il présumable que le commerce du coton soutienne en Angleterre le développement progressif qu'exigerait le bien-être de notre population manufacturière? Pour répondre à cette question, il s'agit de savoir si les salaires moins élevés et les journées plus longues des fabriques étrangères, ne parviendront pas, par la suite, à compenser l'infériorité de leur mécanisme et de la main-d'œuvre ou manipulation. Plusieurs de nos manufacturiers qui fournissent à l'étranger, affirment que cette compensation existe déjà jusqu'à un certain point et qu'elle est susceptible de s'accroître. Néanmoins, M. Cowell, qui a fait une analyse très soignée de la filature, cherche à prouver, dans son rapport supplémentaire, que les salaires, en Angleterre, sont *virtuellement* inférieurs pour le capitaliste, quoique pour l'ouvrier ils soient peut-être plus élevés que sur le continent européen, attendu que la quantité d'ouvrage produite journellement par chaque machine, est au taux du plus fort salaire. S'il était possible de comparer l'analyse qu'il a faite du travail, des frais de fabrication et du produit de nos manufactures, avec une semblable analyse des manu-factures continentales, on aurait des données suffisantes pour décider ce point de discussion; mais cette dernière analyse n'est nullement satisfaisante. L'admiration qu'excite à juste titre l'état prospère des filatures de Man-chester, ne doit pas nous faire oublier les obstacles qu'y apportent le mécontentement, l'intempérance, et les mutineries de ceux qui doivent les conduire. Les fabriques étrangères étant sous la protection spéciale de leurs gou-vernemens respectifs, ne sont pas sujettes à ces maux qui font plus de tort à notre com-merce, en un seul mois de concurrence cri-tique, qu'on ne saurait en réparer dans une année, et qui sont autant d'obstacles sérieux au bien-être de nos fabriques.

« D'après l'expérience que j'ai acquise de la filature du coton sur le continent, dit M. As-worth, et d'après ce que j'ai été à même d'observer dans douze principaux établisse-mens de ce genre en France et en Suisse, les salaires comparés avec les nôtres, vu la quan-tité, la qualité, et la durée du travail, sont en général de cinquante pour cent au-dessous de notre propre tarif pour les ouvriers fileurs, et de trente pour cent, pour les femmes et les enfans. Cette observation s'applique à tous les numéros de fil. Les salaires en argent se calculent en convertissant le cours de l'un des deux pays en celui de l'autre, selon le cours du change. »

M. Edwin Rose, contre-maître des grands ateliers de construction de MM. Sharp et Roberts de Manchester, a passé plusieurs années dans les meilleurs établissemens de la France et de la Suisse ; il dit que leurs ouvriers se contentent du vêtement le plus commun, et qu'ils prennent plus de plaisir à leur travail que ceux de l'Angleterre. Les Français semblent se trouver toujours à leur aise ; ils ne s'enivrent pas comme nos ouvriers. M. Roberts se sert de vis françaises ; il trouve qu'à prix double elles reviennent encore à meilleur compte que les vis anglaises, vu leur belle forme et leurs proportions exactes ; le fil en est plus égal et la spirale plus régulière, elles sont coniques, ce qui est très important, parce qu'elles mordent mieux dans le bois à mesure qu'elles s'y enfoncent. On fabrique les nôtres à si vil prix, qu'elles ne valent guère mieux que des clous. [1]

---

[1] *Factory commission report, Part. I.* D. I, p. 125.

Pour prouver combien le perfectionnement des machines améliore le sort des ouvriers, nous allons tirer de la filature un exemple qui servira, *mutatis mutandis*, pour toutes les autres branches d'industrie manufacturière.

Dans la fabrication du coton, le fileur est l'ouvrier principal et le plus important. C'est pour lui que s'exécutent toutes les opérations préliminaires que l'on appelle *préparations*, et qui constituent le battage, le cardage, le laminage. Il reçoit un certain poids de coton préparé pour lequel il doit rendre, dans un espace de temps donné, une quantité voulue de fil ou coton filé, et il est payé à raison de tant par livre d'ouvrage rendu. Si le produit pèche en qualité, la faute retombe sur lui ; s'il y a moins que la quantité fixée par *le minimum*, dans un temps donné, on le congédie et on le remplace par un ouvrier plus habile. On se rend un compte exact de la force productive de son métier, et l'on diminue la rétribution du travail à mesure que la force productive augmente, sans cependant que cette diminution soit proportionnée à l'augmentation de la force. Depuis que ces machines se perfectionnent continuellement, quel en est le résultat pour le fileur, concernant ses salaires ? C'est en répondant à cette question que l'on comprendra la cause la plus importante des différences portées dans la colonne intitulée : *Montant, terme moyen, du salaire net de chaque individu, pour soixante-neuf heures de travail.* On verra par là si les ouvriers ont réellement sujet d'affirmer que leurs gains décroissent continuellement. [1]

Le métier mull-jenny est un système de broches (*voyez* Pl. 56, p. 49). Un fileur en conduit deux à la fois. Il se tient entre les deux ; comme l'un avance tandis que l'autre recule, le fileur passe de l'un à l'autre à des intervalles réguliers. Le métier qui avance entraîne le coton qui se dévide de la rangée de bobines placée par-derrière, et, tout en filant, s'approche lentement du fileur. Plus il y a de broches, plus il y a de fils, et plus l'opération de la machine est productive. Le nombre de broches varie dans les mull-jenny de deux cent cinquante à mille pour chaque métier ; ainsi la paire en porte de cinq cents à deux mille. Le fileur occupe de un à dix jeunes aides, selon la force de ses métiers ; c'est lui qui les prend à son service, et qui

[1] Voyez *Treatise on the cotton manufacture,* ou le rapport parlementaire supplémentaire.

les paie, sans l'intervention du propriétaire de la filature. La force promotive s'évalue d'après le nombre de broches, et les maîtres s'arrangent avec les ouvriers, d'après le tarif des prix de la main-d'œuvre, qui varient en raison de ce nombre. Ces tarifs sont imprimés, et chacun peut en prendre connaissance. Le tableau ci-joint est le tarif actuellement en vigueur à **Manchester**.

La première ligne suffit pour expliquer toutes les autres. Elle indique qu'un ouvrier qui file à une finesse de quatre-vingts écheveaux à la livre, sur un mull-jenny dont la force productive est représentée par trois cent trente-six broches, est payé à raison de 4 d.$\frac{1}{2}$ par livre de coton filé ; que, s'il file sur un métier de trois cent quatre-vingt-seize broches et au-delà, il reçoit 4 d. par livre, etc. Le taux diminue à mesure que la force productive augmente, sans cependant que ce soit dans une proportion exacte. N° signifie le nombre d'écheveaux à la livre. Les chiffres 336, 348, 396, indiquent les métiers portant ces nombres de broches, et par conséquent produisant à chaque effort (dont le nom technique est *aiguillée*) trois cent trente-six, trois cent quarante-huit ou trois cent quatre-vingt-seize fils d'une longueur donnée.

TARIF *des prix de Manchester pour la filature sur les mull-jenny des grosseurs de fil ci-dessous désignées, selon la convention faite entre les maîtres et les ouvriers, le 5 mars 1831, et mise en pleine vigueur en juin 1833.*

Numéro du fil ou nombre d'écheveaux à la livre.	336 Bobines au moins.		348 à 384 Bobines.		396 Bobines au plus.	
	sch.	d.	sch.	d.	sch.	d.
80	[illegible]	[illegible]	[illegible]	[illegible]	[illegible]	[illegible]
85	[illegible]	[illegible]	[illegible]	[illegible]	[illegible]	[illegible]
90	[illegible]	[illegible]	[illegible]	[illegible]	[illegible]	[illegible]
95	[illegible]	[illegible]	[illegible]	[illegible]	[illegible]	[illegible]
100	[illegible]	[illegible]	[illegible]	[illegible]	[illegible]	[illegible]
105	[illegible]	[illegible]	[illegible]	[illegible]	[illegible]	[illegible]
110	[illegible]	[illegible]	[illegible]	[illegible]	[illegible]	[illegible]
115	[illegible]	[illegible]	[illegible]	[illegible]	[illegible]	[illegible]
120	[illegible]	[illegible]	[illegible]	[illegible]	[illegible]	[illegible]
125	[illegible]	[illegible]	[illegible]	[illegible]	[illegible]	[illegible]
130	[illegible]	[illegible]	[illegible]	[illegible]	[illegible]	[illegible]
135	[illegible]	[illegible]	[illegible]	[illegible]	[illegible]	[illegible]
140	[illegible]	[illegible]	[illegible]	[illegible]	[illegible]	[illegible]
145	[illegible]	[illegible]	[illegible]	[illegible]	[illegible]	[illegible]
150	[illegible]	[illegible]	[illegible]	[illegible]	[illegible]	[illegible]
155	[illegible]	[illegible]	[illegible]	[illegible]	[illegible]	[illegible]
160	[illegible]	[illegible]	[illegible]	[illegible]	[illegible]	[illegible]
165	[illegible]	[illegible]	[illegible]	[illegible]	[illegible]	[illegible]
170	[illegible]	[illegible]	[illegible]	[illegible]	[illegible]	[illegible]
175	[illegible]	[illegible]	[illegible]	[illegible]	[illegible]	[illegible]
180	[illegible]	[illegible]	[illegible]	[illegible]	[illegible]	[illegible]
185	[illegible]	[illegible]	[illegible]	[illegible]	[illegible]	[illegible]
190	[illegible]	[illegible]	[illegible]	[illegible]	[illegible]	[illegible]
195	[illegible]	[illegible]	[illegible]	[illegible]	[illegible]	[illegible]
200	[illegible]	[illegible]	[illegible]	[illegible]	[illegible]	[illegible]
205	[illegible]	[illegible]	[illegible]	[illegible]	[illegible]	[illegible]
210	[illegible]	[illegible]	[illegible]	[illegible]	[illegible]	[illegible]
215	[illegible]	[illegible]	[illegible]	[illegible]	[illegible]	[illegible]
220	[illegible]	[illegible]	[illegible]	[illegible]	[illegible]	[illegible]
225	[illegible]	[illegible]	[illegible]	[illegible]	[illegible]	[illegible]
230	[illegible]	[illegible]	[illegible]	[illegible]	[illegible]	[illegible]
235	[illegible]	[illegible]	[illegible]	[illegible]	[illegible]	[illegible]
240	[illegible]	[illegible]	[illegible]	[illegible]	[illegible]	[illegible]
245	[illegible]	[illegible]	[illegible]	[illegible]	[illegible]	[illegible]
250	[illegible]	[illegible]	[illegible]	[illegible]	[illegible]	[illegible]

Si l'on examine ce tableau, on verra que la diminution des salaires est en proportion moindre que l'accroissement de la force productive du métier. Il s'ensuit que, par le perfectionnement de la machine, l'ouvrier est à même de gagner, en un temps donné, plus qu'il ne gagnerait avec une machine imparfaite. Un grand nombre d'ouvriers craignent de voir leur salaire peu à peu se réduire à rien, par suite des perfectionnemens apportés aux mécaniques. Il ne faut que jeter un coup d'œil sur le tarif ci-joint pour s'apercevoir combien cette crainte est peu fondée. On y voit que le fileur qui file à une finesse de quatre-vingts écheveaux par livre, sur un métier de la force productive représentée par 336, a gagné 4 d. $\frac{1}{2}$, lorsqu'il a produit quatre-vingts écheveaux, tandis que s'il travaille sur un métier de la force supérieure de 396, il ne gagne que 4 d. pour la même quantité. Mais aussi il fera sur ce dernier trente-trois livres de fil dans le même temps qu'il n'en ferait que vingt-huit sur l'autre. La proportion du produit est donc celle de vingt-huit à trente-trois. Vingt-huit livres à 4 d. $\frac{1}{2}$ font 126 pence (10 sch. 6 d.) qu'il gagne sur le premier métier, dans le même temps qu'il aurait fallu pour gagner

132 pence ou 11 sch. sur le second. Cette machine plus coûteuse a fait gagner 6 d. de plus à l'ouvrier, et 1 s. 4 d. $\frac{1}{2}$ au maître de l'établissement.

Il paraît que l'on a déjà introduit, avec succès, des métiers pour la filature en gros, portant cinq cents broches, et qu'on est à la veille d'en monter qui en porteront six cents. Ce surcroît augmentera la force productive d'un cinquième. Dans ce cas on baissera les prix du fileur; mais, comme on ne les réduira pas d'un cinquième, le perfectionnement augmentera son gain dans le même nombre d'heures donné. Tout l'avantage qui en résulte se trouve partagé entre le maître et l'ouvrier. Les bénéfices de l'un et le salaire de l'autre en reçoivent une augmentation simultanée.

Il y a une certaine modification à faire au calcul précédent. Il y est clairement prouvé que toute amélioration dans la construction des machines augmente le salaire de l'ouvrier et l'intérêt du capitaliste; mais ceux qui nient cette conclusion, diront qu'on a fait choix d'un cas particulier et qu'on a laissé de côté un point important : c'est que le fileur a des frais additionnels à déduire sur ses 6 pence, attendu qu'il faut qu'il augmente le nombre de ses aides. Cette déduction est à considérer. Non seulement les machines perfectionnées n'exigent pas l'emploi d'un aussi grand nombre d'adultes, pour arriver à un résultat donné, mais elles substituent une classe d'individus à une autre, un moins adroit au plus habile, les enfans aux adultes, les femmes aux hommes. Tous ces changemens occasionnent de nouvelles fluctuations dans le taux des salaires. On dit qu'ils réduisent le montant des journées des adultes, en ce qu'ils en déplacent une partie, et que par là leur nombre surpasse le besoin du travail. Mais certainement il y a augmentation d'emploi de travail pour les enfans, et leur gain n'en est que plus considérable.

S'il arrivait quelque échec à la manufacture de coton, si même son extension continuelle ne suffisait pas pour réemployer ces mêmes adultes qu'elle rejette sans cesse, alors on pourrait dire que les perfectionnemens apportés aux machines tendent à diminuer les salaires; mais jusqu'à présent ces améliorations ont été au profit de l'ouvrier, puisque non seulement elles ont permis à un plus grand nombre d'individus de venir prendre part aux gains énormes qu'on peut obtenir dans cette branche importante de l'industrie humaine; mais l'ouvrier en général gagne davantage dans une semaine qu'il n'aurait pu le faire si les machines étaient restées dans leur état primitif.

Si l'on pouvait supposer que les machines parvinssent tout à coup à un degré de perfection qui annulât entièrement le travail des adultes, et que, sans y employer un plus grand nombre d'enfans et de jeunes gens, on produisît la même quantité de travail que l'on fait aujourd'hui, sans doute que les adultes se verraient contraints de concourir avec les enfans pour la main-d'œuvre, et que leur gain se trouverait réglé sur celui des enfans.

Heureusement pour la population des villes manufacturières de la Grande-Bretagne, les perfectionnemens en mécanique sont graduels, ou du moins ce n'est que successivement qu'on arrive à en rendre l'usage général. Il s'ensuit que la réduction du prix des articles fabriqués ne s'opère également que par degrés. L'étendue des demandes s'accroît aussi graduellement, parce que le rabais qui s'en suit met sans cesse les prix à la portée d'un plus grand nombre de consommateurs, et entretient ainsi la nécessité d'employer des adultes; par là se trouve contrebalancé l'effet

du perfectionnement, qui tendrait à les repousser, et qui, jusqu'à présent, n'a pas occasionné de diminution sensible dans leurs
salaires.

En 1834, dans deux belles filatures de
Manchester, un fileur, en faisant marcher des
mull-jenny de 300 à 324 broches, pouvait
produire, en soixante-neuf heures, seize livres
de fil, de la finesse de deux cents écheveaux à
la livre, et il lui arrivait plus souvent de dé-
passer cette quantité. Ces mêmes métiers
furent remplacés la même année par d'autres,
d'une force double, qui donnèrent le résultat
suivant : l'ouvrier produisait habituellement,
par ces métiers, seize livres de fil du n° 200.
D'après le tarif des prix, il paraît qu'au mois
de mai on lui payait 3 s. 6 d. par livre; ce qui,
multiplié par 16, donne 54 s. pour le total du
salaire, sur lequel il avait à retirer au plus
13 s. pour payer ses aides; il lui restait donc
41 s. de gain net. Mais bientôt ses métiers
furent doublés, c'est-à-dire remontés à 648 broches. Aujourd'hui, il ne reçoit plus que 2 s.
5 d. par livre, au lieu de 3 s. 6 d., c'est-à-dire
les deux tiers de son salaire primitif; mais il
fait une double quantité d'ouvrage dans le
même temps, trente-deux livres au lieu de

seize. Le total de son gain, 2 s. 5 d., multipliés par 32, est donc de 77 s. 4 d. Il lui faut actuellement cinq enfans de plus, auxquels, si nous supposons, l'un dans l'autre, un salaire de 5 s. par semaine, il doit payer 25 s.; ou, pour trancher toute discussion, disons 27 : il lui reste donc 50 s. 4 d. de gain net, pour un travail de soixante-neuf heures, au lieu de 41 s., ce qui constitue une augmentation de 9 s. 4 d. par semaine. Ce calcul du gain du fileur est plutôt au-dessous qu'au-dessus de la réalité, comme on pourrait le prouver par d'autres documens, s'il était nécessaire. [1]

On peut donc en conclure avec assurance que, dans les fabriques où il y a un plus grand nombre d'enfans proportionnellement au nombre d'adultes, le gain de l'ouvrier est aussi plus fort; et que, tant que la fabrication du coton continuera à s'étendre, les ouvriers n'auront aucun sujet de craindre une réduction de salaire, soit pour les adultes, soit pour les enfans. Les ouvriers, ne considérant que la réduction du prix sur chaque livre de fil, à mesure que le produit du métier s'accroît, se

[1] Supplément du rapport des manufactures.—Préface des tables par M. J. W. Cowell.

plaignent continuellement que le fileur a maintenant le double d'ouvrage à faire pour gagner un dixième du prix qu'il recevait en 1804. Voici le fait positif : en 1804, un fileur recevait 8 s. 6 d. par livre de fil, de la finesse de deux cents écheveaux à la livre, produit d'un métier de la force productive moyenne de cette époque. On ne dit pas quelle était cette force; mais nous savons qu'en 1829 l'ouvrier recevait 4 s. 6 d. pour filer la même quantité sur un mull-jenny de la force productive de 312; en 1831 et en 1833, on lui payait 2 s. 8 ½ d. et 2 s. 5 d. pour filer la même qualité sur un mull-jenny de la force productive de 648. Ces renseignemens sont tirés du tarif des prix de Manchester.

En 1829, le fileur fournissait 312 livres de fil dans le même temps qu'il lui faut aujourd'hui pour en fournir 648. En 1829, on le payait à raison de 4 s. 1 d.; aujourd'hui, il reçoit à raison de 2 s. 5 d.; mais 312 livres à 4 s. 1 d. font 1274 s., et 648 livres à 2 s. 5 d. font 1566 s. Il reçoit donc 292 s. de plus qu'en 1829, pour un travail d'égale durée. Sans doute il fait plus d'ouvrage pour un moindre salaire qu'en 1829; mais ce fait ne change rien à la question, puisqu'il s'agit simplement de prouver qu'*il gagne moins qu'autrefois par semaine*. L'esprit le plus simple peut se convaincre qu'un fileur gagne aujourd'hui un schelling, une livre, ou cent livres sterling en moins de temps qu'il ne lui en fallait, il y a dix ans, pour gagner la même somme; tandis que son travail est plutôt diminué qu'augmenté; que cette hausse de salaire est due au perfectionnement des machines; que la continuation de ces progrès augmentera progressivement son salaire; et qu'en même temps il y aura un plus grand nombre d'individus à même de profiter de cette augmentation; pourvu, toutefois, que, pendant les trente années à venir, le développement de la fabrication du coton suive la même progression qu'il a reçue pendant les trente dernières années. Enfin, on sentira que tout perfectionnement, dans une partie quelconque de cette immense fabrication, tend à augmenter les salaires, non seulement dans la branche même où le perfectionnement a lieu, mais aussi dans toutes les autres, attendu qu'il multiplie les demandes de travail dans chacune de ces branches d'industrie. Jusqu'à présent, le résultat de tous les perfectionnemens dans ce genre de commerce et dans toutes ses ramifications, a été, en général, de mettre l'ouvrier à même de gagner, dans un temps donné, une plus forte somme d'argent qu'il n'aurait pu le faire si ces mêmes perfectionne- mens n'avaient pas eu lieu.

Les idées erronées des ouvriers relative- ment à l'influence des machines sur le prix de leur labeur, sont la cause principale des ca- bales et des suspensions de travaux. Elles pro- duisent un mécontentement amer contre les maîtres, et méritent une éclatante réfutation.

Il est sans doute très important de con- vaincre les ouvriers que le perfectionnement des machines tend à augmenter la somme d'argent qu'ils gagnent individuellement et collectivement pour le même nombre d'heures de travail. Ce fait est démontré d'après les règles infaillibles de l'arithmétique, par plu- sieurs exemples tirés des plus belles filatures. On a également prouvé que ces améliorations ont nécessité un plus grand emploi de jeunes gens, dont le gain a augmenté en conséquence. Or, comme la main-d'œuvre en devient plus facile, le prix des articles baissera, et la con- sommation en sera plus considérable. Il s'en- suit qu'il faudra encore plus de bras dans les diverses branches subordonnées, et que les salaires en deviendront encore meilleurs dans toutes les manufactures de coton.

On pourrait actuellement réduire les salaires dans la filature, attendu que, depuis l'agrandissement des mull-jenny, il y a toujours assez de bras; mais les maîtres n'ont jamais voulu recourir à ce moyen, à moins qu'ils n'y fussent absolument contraints par le manque de bénéfice : ils savent que plus on réduit la paie de l'ouvrier, moins on peut se fier à son attention. Les fileurs, prévoyant que le grand nombre de bras réduirait nécessairement leurs salaires, se cotisent pour envoyer en Amérique leurs compagnons sans ouvrage. M. H. Houldsworth, de Glasgow, déclare qu'il tient ce fait des individus eux-mêmes et de leurs femmes; on l'a souvent sollicité de secourir des familles dans leur émigration, et de leur faire passer les fonds provenant de l'*Union* pour subvenir à leurs besoins temporaires. Dans le cours des trois dernières années, il n'y a pas eu moins de quatre-vingts à cent fileurs qui se sont, à cet effet, embarqués à Glasgow; ce qui est peut-être le huitième du nombre total [1]. *Les Unions ouvrières* sont tenues,

[1] Rapport sur les Manufact., p. 311, par M. H. Houldsworth.

d'après leurs réglemens, de payer certaines sommes pour soutenir leurs membres inoccupés, afin qu'ils ne soient pas forcés, par la nécessité, de travailler à trop bas prix. Ils en sont empêchés par l'allocation qu'ils reçoivent chaque semaine, et par la crainte d'encourir la réprobation de la société. Les frais du passage en Amérique sont de 15 à 20 l. sterling pour chaque fileur.

« Lors de mon voyage à Glasgow, en 1799, les fileurs ne faisaient usage de la viande qu'une fois par semaine : actuellement ils en consomment au moins quatre fois plus qu'alors[1]. Leur régime, vers les premières années du siècle actuel, consistait en harengs, en farine d'avoine et en pommes de terre. A cette époque, la filature était très limitée ; la plupart des ouvriers étaient des montagnards écossais, naturellement insouciens et paresseux ; ils se contentaient de gagner de 12 à 14 s. par semaine ; préférant ne vivre que de farine d'avoine et de pommes de terre, jusqu'à ce qu'enfin leur émulation fût excitée par quelques Anglais que M. Houldsworth avait amenés de Manchester, pour leur donner l'exemple d'une in-

[1] Rapport sur les Manufact., p. 314, par M. H. Houldsworth.

dustrie active. Ils travaillaient alors depuis six heures du matin jusqu'à huit heures et demie du soir ; mais ils produisaient moins d'ouvrage qu'on n'en fait aujourd'hui en bien moins de temps, à l'aide des perfectionnemens introduits dans les machines et dans la main-d'œuvre. Cependant la force productrice des établissemens de Glasgow est encore bien en arrière de celle des fabriques de Manchester : la preuve en est que le même produit de fil se paie à Glasgow trente et quarante pour cent de plus qu'à Manchester. Les fabricans écossais ont tenté depuis quelque temps d'amener leurs machines au même degré de perfection que celles des Anglais, et ils s'en sont considérablement rapprochés sous plusieurs rapports.

Il est difficile de découvrir le motif qui détermine les ouvriers dont le travail est aidé par un moteur hydraulique ou à vapeur, à ne vouloir pas travailler plus de dix heures. Ils comparent leurs travaux à ceux des classes inférieures d'artisans, tels que charpentiers, maçons, etc., qui, disent-ils, travaillent depuis six heures du matin jusqu'à six heures du soir, et ont deux intervalles de repos d'une heure chacun. Cette classe est tout-à-fait distincte de la plupart des ouvriers des fabriques,

en ce que leurs travaux ne s'exécutent que par
la force des bras, et qu'ils font de longs apprentissages très dispendieux. Mais que di-
ront-ils de ces nombreuses classes de fabricans
de bas ou de dentelle, de tisserands à la main,
de peigneurs de laine, et d'une infinité d'autres qui travaillent de douze à seize heures
par jour pour subvenir à une chétive existence;
sans compter qu'ils commencent très jeunes ce
travail sédentaire, aussi nuisible à leur physique qu'à leur moral? Ces raisonneurs inté-
ressés ne font pas attention qu'en réduisant
les heures de travail, et par suite les moyens
de subsistance que fournissent les occupations
les plus avantageuses, ils causent un accroissement de concurrence pour les travaux les
plus pénibles, et qu'ils feraient du tort à la
communauté des ouvriers, et renonçant légèrement aux grands avantages de leur propre
travail.

D'après les principes qui viennent d'être
exposés, les manufacturiers de drap qui tiennent de grands établissemens rétribuent beaucoup mieux leurs ouvriers que ceux qui occupent leur monde au-dehors. [1]

____

[1] M. John Brooks, Comité des manufactures.

Or, le système des manufactures, loin d'être désavantageux à la classe industrielle, contribue essentiellement à son bien-être ; car, plus les combinaisons mécaniques donnent de produits, moins il y a de risque, pour le fabricant, d'être lésé par la concurrence des manufactures étrangères, et plus le maître a d'intérêt à maintenir le salaire de ses employés. La principale raison pour laquelle ce salaire est si élevé, c'est qu'il constitue une petite partie de la valeur de l'article fabriqué ; et si un maître parcimonieux le réduisait par trop, ses ouvriers auraient moins de soins, ce qui nuirait à la qualité du produit, sans que l'économie sur le salaire compensât ce défaut. Plus le prix de la main-d'œuvre et celui de la valeur des marchandises sont disproportionnés, plus en général le prix du travail est élevé. Le maître d'une filature, s'il est prudent, ne se mêle pas des gains de ses fileurs, et ne consent pas à les réduire, à moins qu'il n'y soit absolument forcé par non-rapport de ses capitaux et de son industrie.

Toutes les fois qu'une filature et une tisseranderie bien ordonnées sont réunies en un seul établissement, il y a beaucoup plus d'ordre dans la gestion et de perfection dans le travail. Une telle manufacture a moins à re-douter la concurrence, parce que ses capitaux et son industrie sont plus étendus, et que ses bénéfices sont plus considérables, ou du moins plus assurés. Dans ce cas, ces deux industries réunies, offrent plus de détails qu'on ne pense, et il est bon que nous en parlions. Il faut d'abord choisir le coton d'un prix et d'une qualité convenables à la fabrication voulue; ensuite l'éplucher, le battre, l'étendre, le carder, le doubler, le laminer, l'étirer, le boudiner, et le mettre en mèches d'une manière convenable, par des machines dont la structure et l'ajustement diffèrent selon les différentes qualités de marchandises. Il doit être filé en chaîne et en trame, chacune comme il convient à sa destination; et il faut que ces fils soient parés et tissés sur un métier à tisser mécanique approprié aux fils et au genre des marchandises requises. S'il arrive que l'une ou l'autre de ces opérations soit mal exécutée, il en résulte une perte sur le bénéfice, quelquefois même il devient nul. Tous ces procédés sont mécaniques, continus, et dépendent les uns des autres. S'ils n'étaient que partiellement mécaniques ou chimiques, et parfois dis-continus, la multiplicité des opérations jetterait de la confusion dans la fabrique, et il vaudrait mieux, dans la plupart des cas, que les travaux fussent distribués, comme dans l'impression du calicot, en deux établissemens distincts : la partie mécanique et la partie chimique.

La majeure partie des métiers à tisser mécaniques ne tissent aujourd'hui que leur propre fil, adapté à leur genre de fabrication ; aussi les capitaux sont-ils plus productifs que ceux des établissemens où la mise de fonds ne sert qu'à la filature du fil pour les métiers à tisser mécaniques, ou au tissage du fil qu'ils achètent.

Le métier continu, sur lequel on file la chaîne, n'est, à bien prendre, qu'un automate complet qui, s'il est bien construit, fournit un fil très égal ; mais le mull-jenny, qui sert à filer la trame, était, il n'y a pas long-temps, un automate incomplet ; il se ressentait, jusqu'à un certain point, de l'irrégularité de la main-d'œuvre, et il était variable selon l'habileté de l'ouvrier. Il est très probable que les renvidoirs mécaniques perfectionnés par MM. Sharp et Roberts, feront disparaître cette cause d'irrégularité dans les trames de calicot et de futaine ; de manière qu'une tisseranderie qui en

fera usage pourra produire des tissus parfaitement réguliers. On obtiendra très probablement des résultats admirables, au moyen de
cette réunion de filature et de tissage automatiques. D'abord cette grande branche du travail manufacturier ne sera plus à la merci des
unions ouvrières, si nuisibles à l'artisan, et si
vexatoires pour le maître; en second lieu, la
Grande-Bretagne sera sûre de conserver encore long-temps le monopole des gros tissus
de coton. Les nations du continent auront besoin d'un long apprentissage, d'une tranquillité parfaite, et de grands capitaux, avant de
pouvoir parvenir à construire et à conduire un
bon système de métiers continus, de renvidoirs automatiques, de métiers mull-jenny et
de métiers à tisser mécaniques semblables à
ceux qui sont en si grand nombre à Stockport.
A l'égard des États-Unis, il y a tout lieu de
croire que la partie méridionale de *l'union*
préférera échanger ses produits agricoles contre les marchandises à bas prix de leur grand
acheteur l'Angleterre, plutôt que de se les
procurer à des prix bien plus élevés chez leurs
frères peu libéraux du nord-est.

Cette réunion de la filature et du tissage a
donné un nouvel essor à notre commerce de

coton, et il est probable qu'elle lui donnera la prééminence, car le fabricant pourra fournir, dans toutes les régions du globe, des articles d'habillement à bon marché, à des millions de nouveaux acquéreurs. Il s'établira de nouvelles fabriques qui occuperont un nombre infini de bras; et les ouvriers habiles et de mœurs tranquilles auront la perspective de devenir chefs d'ateiiers, ou propriétaires d'établissemens.

D'un autre côté, les genres de travaux qui n'appartiennent pas aux factories, et qui peuvent se concentrer sur un seul métier ou une machine mue à la main, sont à la portée des artisans de tous les pays adjacens : leurs profits seront bientôt réduits au *minimum*, proportionné à l'emploi du capital qui y est versé; et les salaires ne seront pas plus forts qu'ils ne le sont dans les pays où l'on vit à moins de frais. La fabrication des bas en offre un triste exemple. Il n'y a pas, dans ce royaume, un seul manufacturier qui puisse fabriquer des bas, s'il ne trouve à les faire confectionner à aussi bas prix qu'en Allemagne, attendu que le fabricant allemand a des métiers tout aussi bons que nos métiers à tricoter, et qu'il les fait marcher aussi bien que nos tricoteurs au métier. Il s'ensuit que, malgré ses machines et ses capitaux, le Grande-Bretagne ne l'emporte pas sur les autres pays, où le matériel s'achète presqu'au même prix. On peut en dire autant de la fabrique de tulle que l'on fait sur des métiers à la main. Cet ingénieux travail se paie un prix déplorable, par suite de la concurrence des ouvriers du continent qui se contentent de vivre très pauvrement. C'est ainsi que, pendant long-temps, on a beaucoup perdu sur la fabrication du tulle au métier mécanique; attendu que ceux qui possédaient des métiers à la main continuaient à les faire marcher, dans l'espoir de retirer leurs frais primitifs, quoique la rétribution de leur travail suffît à peine pour les faire vivre.

Il y a néanmoins une observation à faire, c'est que le travail manuel souffre plus ou moins d'interruption, selon le caprice de l'ouvrier, et que, par conséquent, il ne donne jamais un produit moyen, annuel ou hebdomadaire, qui soit comparable à celui d'une machine mue par une force constante et régulière. C'est pour cette raison que les tisserands à domicile produisent rarement, à la fin de la semaine, plus de la moitié de ce que leurs métiers pourraient confectionner, s'ils les faisaient marcher constamment de douze à quatorze heures par jour, avec la même vitesse qu'ils leur donnent pendant leur redoublement de travail.

Le propriétaire de l'un des magasins les plus considérables de Manchester me disait que, sur mille huit cents fileurs qu'il employait dans les districts voisins, il était rare qu'il retirât plus de deux mille pièces par semaine, tandis que, s'ils travaillaient régulièrement, ils en pourraient livrer neuf mille. Une jeune femme, qu'il occupait depuis peu, fabriquait six pièces par semaine, sur un métier à la main; elle était payée à raison de 6 s. 3 d. par pièce. Ce fait vient à l'appui de ce que me disait M. Strutt, relativement à leur irrégularité au travail. Ayant appris que les habitans d'un village situé à quelques milles de Belper s'occupaient généralement de la fabrication des bas, et qu'ils se trouvaient dans la plus grande pénurie, par suite de la diminution de leurs salaires, il invita les familles les plus pauvres à améliorer leur condition, en venant prendre part aux travaux plus lucratifs et plus réguliers de ses vastes filatures. Elles s'y rendirent accompagnées d'un grand nombre d'enfans, et parurent enchantées de se voir installées dans un lieu si commode. Mais, après quelques semaines, leur irrégularité à suivre le travail commença à se manifester, et les convainquit, ainsi que leurs maîtres, que leurs habitudes ne pouvaient s'accorder avec la ponctualité d'un moteur mécanique. Ces pauvres gens renoncèrent à tout effort pour apprendre ce nouveau métier, et se rejetèrent dans leur indépendance désœuvrée.

Si un observateur attentif se rendait quelquefois dans les ateliers des fabricans de bas ou de dentelle, il les trouverait rarement occupés à leur travail avec assiduité, même aux heures qu'ils se sont assignées eux-mêmes.

Il est vrai que la réduction des salaires des tisserands à la main a été considérable. Nous avons inséré ci-dessous les prix qui ont été payés à Manchester à différentes époques, pour le tissage d'un calicot pour soixante portées $\frac{6}{4}$ de large. Ils sont tels qu'ils existaient au mois de mars de chaque année indiquée. Le fileur avait à déduire 3 d. sur chaque schelling, pour l'enroulage de la chaîne, les brosses, l'empois à la farine, etc.

En 1795, 39 sch. 9 d. En 1800, 15 sch. En 1820, 8 sch. En 1830, 5 sch.

On voit par ce rapport, dont on fit le triste exposé aux membres de la commission des fabriques, que la condition de nos manouvriers, dont on envie tant l'indépendance, est des plus misérables, si on la compare à celle des artisans qui soignent les métiers à tisser d'une fabrique, et sur le sort desquels on s'est tant lamenté. C'est plutôt pour la première classe que l'on doit réserver toute la sympathie que la faction de M. Sadler prodiguait à l'autre d'une manière si perfide.

Aujourd'hui, le gain net du tricoteur de bas de coton est de 4 à 7 sch. par semaine; mais le plus grand nombre n'arrive même pas au moindre de ces deux salaires. Les résultats en sont vraiment déplorables; leurs forces physiques sont détériorées; leurs facultés intellectuelles dégradées, et leur moralité trop souvent corrompue [1]. Mal nourris, mal logés, mal vêtus, le visage hâve et la physionomie inquiète, ils offrent à l'œil le tableau d'une misère toute particulière. On prétend que les bénéfices du bonnetier ont diminué en proportion de la réduction des salaires. M. Felkin a cité plusieurs exemples qui font connaître la situation des

[1] Felkin, Rapport de la commission des *factories*.

ouvriers fabricans de bas unis. Il les a pris indistinctement sur une grande population exerçant la même industrie ; ce sont tous des hommes laborieux et d'une conduite régulière. Ils
justifient complétement l'appel fait au public
au mois de septembre 1832, époque à laquelle
leurs salaires ne se montaient pas, terme moyen,
à plus de 6 sch. 6 d. par semaine. Il fallait que
cette somme suffît aux besoins d'un homme,
de sa femme et de ses enfans. Aussi, un grand
nombre étaient-ils dans une misère effroyable,
ne pouvant pas même se procurer le strict nécessaire ; quelques uns n'avaient ni draps ni
couvertures, et couchaient sur un peu de paille.
La broderie du tulle est un autre travail particulier qui ne se fait pas dans les fabriques, et
qui offre un aussi pénible résultat. Plus de cent
cinquante mille ouvrières, presque toutes jeunes filles, gagnent leur vie à cette occupation,
dans la Grande-Bretagne. Ce travail se fait entièrement à domicile ; et quoiqu'il exige plus
d'adresse, et qu'il soit plus pénible qu'aucune
autre partie de la fabrication de la dentelle, il
est moins payé. « Il n'y a pas jusqu'aux plus
jeunes (et elles commencent dès l'âge de neuf
à dix ans) qui n'expriment le regret de ne pouvoir obtenir un meilleur salaire, et d'être for-

cées à un travail aussi assidu. Elles se mettent à l'ouvrage de grand matin et travaillent tard; et, durant leur longue journée, elles ont le corps constamment courbé en avant sur le métier qui porte le tulle, et la tête à cinq ou six pouces du métier, dont le bord presse contre la partie inférieure de la poitrine. Il en résulte généralement que leur vue baisse, que les yeux s'affaiblissent, et qu'elles contractent une disposition à la pulmonie et à la difformité des membres, avec un affaiblissement général, suite d'une position gênée et d'une habitude aussi sédentaire. » [1]

C'est, entre autres raisons, leur répugnance pour le travail continu d'une fabrique, et leur aversion pour ses réglemens, jointes à l'orgueil de paraître appartenir à une classe plus élevée, qui leur font sacrifier leur bien-être et leur santé pour se livrer chez elles à la broderie du tulle. Une jeune fille disait dans son interrogatoire : « Je préfère ce travail à celui des fabriques, quoiqu'on n'y gagne pas autant; chez nous, nous sommes libres, et quels que soient nos repas, nous les prenons à notre aise. » [2]

[1] Rapport de M. Power sur Nottingham, p. 17.
[2] Commission des *factories*, Nottingham, p. 20.

En retraçant ainsi des maux qui accompagnent les travaux manuels, non seulement je désire exciter la bienveillance à les adoucir, mais j'espère aussi faire cesser un injuste préjugé qui empêche l'une et l'autre de ces deux classes de venir participer aux travaux plus agréables et plus lucratifs de nos manufactures. Il y a beaucoup d'autres métiers d'une étendue considérable, contre lesquels on n'a pas excité la haine du public, quoiqu'ils soient bien plus préjudiciables à la santé et aux mœurs que ne l'est une manufacture de coton. Après avoir interrogé plusieurs témoins sur l'état de la jeunesse des deux sexes employée dans les mines de charbon de Worsley, près de Manchester, M. Tufnell y descendit dans l'intention de vérifier les renseignemens qu'il avait obtenus.

« Cette mine, dit-il, est très humide, il y a même des parties où l'on marche dans l'eau; dans plusieurs endroits les gouttes d'eau tombaient de la voûte : il en était de même dans toute l'étendue du canal le long duquel je passai. Cette mine m'ayant été indiquée comme la meilleure de l'endroit, d'après ce que j'ai vu, et d'après le témoignage des témoins assermentés dont il est fait mention plus haut, je ne crois pas me tromper en affirmant, comme tout juge impartial sera obligé d'en convenir, que le travail le plus pénible dans l'atelier le plus incommode de la fabrique du coton la plus mal organisée, est moins dur, moins cruel et moins dégradant que celui de la meilleure des mines de charbon. » [1]

Je ne ferai pas le détail des mauvais traite-mens et de la brutalité qu'on y exerce. C'est une honte pour les maîtres de ces mines.

Voici comment sir David Barry dépeint, dans un savant rapport sur Glasgow, l'état des fileurs à domicile :

« John Harrup travaille dans une arrière-cave humide, qui n'a d'autre plancher que la terre ; il couche dans un grenier malpropre de la même maison ; il n'a pas de bois de lit, pas de mobilier, il gagne 6 sch. par semaine l'une dans l'autre ; sur cette somme il faut qu'il prélève plus d'un schelling pour ses frais de métier. Il a vingt-cinq ans, sa femme en a vingt-un ; ils ont un enfant, elle est enceinte d'un second. Il est maigre, pâle, ses joues sont creuses, il paraît épuisé par le besoin. Il tra-vaille depuis cinq heures du matin jusqu'à

[1] Commission des *factories*, Tufnell, p. 82.

neuf heures du soir (seize heures), et quelquefois plus long-temps en hiver. Il m'a solennellement assuré qu'il ne prend jamais trente minutes pour tous ses repas, durant les heures de travail. Il serait enchanté de devenir pareur d'un métier à tisser mécanique ; mais il faut être bien protégé pour obtenir une telle place. »

« William Britton est actuellement en train de tisser une pièce à la finesse de deux mille trois cents fils de chaîne à raison de 6 d. $\frac{1}{4}$ par quarante-cinq pouces de long. M. Rodger, de l'établissement de M. Monteith, m'assure que dans le cours des vingt-trois années dernières, il a payé le même ouvrage à raison de 3 s.

« Thomas Smith. Deux de ses filles aînées, qui tissent maintenant, iraient travailler aux métiers à tisser mécaniques, si elles pouvaient obtenir des places. » [1]

Après avoir donné le triste détail de plusieurs exemples semblables, sir David ajoute les observations suivantes.

« Je conçois qu'il est inutile de détailler individuellement l'état de misère de chaque tisserand que j'ai visité. Ils sont tous réduits

[1] Rapport de la commission des *factories*, part. 2, Glasgow, p. 42.

à une extrême pauvreté; la concurrence les oblige à vendre leur travail à si bas prix, que, quelle que soit la quantité qu'un individu puisse fournir, elle suffit à peine pour lui procurer les vêtemens les plus communs, une demeure misérable, et la nourriture la plus grossière. Il n'y a point de communication entre ces pauvres gens; ils travaillent séparément dans des caves humides, aussi long-temps que le jour le leur permet; chacun vient offrir le fruit de son travail au propriétaire de la matière première, qui, bien entendu, accepte l'offre la moins élevée.

Il n'en est pas de même des fileurs et des pareurs des métiers à tisser mécaniques. Ils ont tous été tisserands à la main, mais maintenant ils ne permettent à aucun de leurs anciens compagnons de partager leur emploi actuel. Ils se réunissent en sociétés exclusives et s'emparent absolument du monopole d'un travail bien payé. Ils ont soin de maintenir un prix élevé, et de ne pas laisser augmenter leur nombre. Ils peuvent, selon leur bon plaisir, arrêter toutes les fabriques de Glasgow; et ils ont les moyens de se soutenir pendant quelque temps. Mais en supposant que les tisserands à la main réussissent à organiser une suspension, chose impossible dans les circonstances où ils se trouvent, en moins d'un mois les trois quarts d'entre eux seraient morts de faim. L'emploi le plus bas et le moins recherché dans la fabrication du coton, est celui d'étireur pour les tisserands à métiers à basse lisse, dans leurs propres ateliers. Les enfans qui font cet ouvrage, sont pauvres, négligés et couverts de haillons. Il est rare qu'on leur enseigne la moindre chose ; ils font une journée aussi longue que celle des tisserands, c'est-à-dire, tant qu'ils ont assez de jour ; ils se tiennent debout à la même place, sur un sol froid et humide, pendant treize ou quatorze heures par jour. Ils gagnent 2 sch. par jour, et mangent de la farine d'avoine bouillie, quand les parens peuvent s'en procurer, sinon ils se contentent de pommes de terre avec un peu de sel. »

Il est très vrai donc que la machine à vapeur est le contrôleur général de l'industrie anglaise ; c'est elle qui la conduit d'un train régulier, et ne lui permet de se ralentir que lorsqu'elle a rempli sa tâche ; elle soulage aussi ces efforts continuels qui obligent si souvent l'ouvrier à prendre quelques instans de repos.

Nous avons déjà dit que le travail n'est pas incessant dans une fabrique automatique; précisément parce qu'il marche d'accord avec son puissant auxiliaire, la machine à vapeur. Il a été prouvé que le travail le plus fatigant dans les fabriques, est celui qui n'est pas assujetti à la force motrice; de manière que si l'on veut mettre l'ouvrier à son aise, il suffit de lui adjoindre une pompe à vapeur. Que l'on compare la peine du tourneur en fer travaillant sur un de ces tours automatiques, aujourd'hui si communs à Manchester, avec celui qui travaille, à Londres, sur un tour à lanière, où il faut que les mains dirigent tout avec la force et l'adresse nécessaires. Dans le premier cas, le mécanisme étant ajusté, l'ouvrier n'a plus rien à faire qu'à étudier les principes de son état, attendu que la machine achèvera son ouvrage d'une manière supérieure, et s'arrêtera aussitôt en quittant d'elle-même l'engrenage. D'après tous ces détails, c'est au public à juger de l'absurdité et de la fausseté de la plupart des témoignages que l'on a accumulés contre les fabriques. Nous voyons dans le fameux Rapport du comité de M. Sadler, que M. Longston de Stockport prétend qu'il faut maintenant le double de travail et de soins qu'il fallait autrefois; de sorte que, s'il y a un grand perfectionnement dans les machines, il y a aussi une grande augmentation de travail; c'est-à-dire que la quantité de travail s'est accrue depuis 1810, époque à laquelle M. Longston n'était encore qu'un jeune employé de *factorie*.

Rien ne démontre plus clairement combien les préjugés tendent à pervertir le jugement et à conduire à des conclusions erronées. Toute la construction des fabriques de coton, depuis le grand rouage et les arbres moteurs jusqu'aux plus petits pivots qui portent les broches et les bobines, a fait des progrès réguliers sur des principes automatiques; et le tout a acquis une précision et une facilité d'action, jointes à une diminution proportionnée de la fatigue du travail et de l'ennui de la surveillance. En effet, il n'y a pas une seule partie de la filature ou du tissage qui exige à beaucoup près autant de travail, autant d'attention de la part de l'ouvrier, tout en gagnant le même salaire qu'il y a vingt ans. Sans doute que, depuis quelques années, on a considérablement augmenté le nombre de broches, ainsi que leur vitesse de rotation; mais il y a eu une diminution proportionnée dans leur frottement, avec une plus grande facilité et une plus grande rectitude d'opération. Ce qui a eu pour résultat, comme je l'ai déjà fait voir, d'augmenter plutôt que de diminuer le salaire hebdomadaire de l'ouvrier, en raison de l'amélioration dans la force productrice de sa mécanique, et, par suite, dans la quantité et dans la qualité du fil. Avant 1822 il était rare qu'on fît porter aux mull-jenny plus de deux cent vingt broches chacun. En 1831, ils en portaient quatre cents et au-delà pour la filature des gros numéros, et de sept cents à mille pour les numéros fins. En 1812, on payait 1 sch. de façon par livre de fil de la finesse de quarante écheveaux à la livre, et en 1830, on la payait 7 d. $\frac{1}{2}$. En 1812, chaque broche fournissait deux écheveaux par jour; en 1830, deux écheveaux et trois quarts; de manière que, pour produire le même gain par livre à l'une et à l'autre époque, il aurait fallu que dans la dernière on produisît trois livres et un cinquième. Il semble y avoir ici un déficit apparent de $\frac{2}{10}$, ou de près de $\frac{1}{2}$ déduit 3$\frac{1}{5}$; mais ce déficit est plus que compensé par l'augmentation des broches, dont le nombre est presque doublé, et laisse au fileur tout autant de facilité de conduire un mull-jenny. Actuellement un bon métier produit tous les jours plus de trois cents écheveaux par broche du susdit numéro; ainsi il y a un surcroît de salaire pour chaque nouvelle broche.

L'excellent rapport de M. Tufnell, membre de la commission, est des plus intéressans; après avoir fait l'aveu de ses anciens préjugés contre le travail des fabriques, voici le langage énergique qu'il emploie pour exprimer la conviction qu'un examen attentif a opérée sur son esprit :

« Je crois fermement qu'il n'y a point de meilleur ni de plus sûr moyen pour faire prospérer un village, que d'y établir une manufacture de coton. » Je suis entièrement de cette opinion, et je vais la soutenir par quelques exemples.

Un des premiers manufacturiers du royaume a judicieusement remarqué que, dans les grandes villes, surtout lorsque leur population est aussi variée et aussi sujette à des fluctuations que celle de Manchester, avec ses industries diverses, ses rues construites à la hâte et très imparfaitement, ses maisons encombrées d'habitans, et les vices qui s'y cachent sous toutes les formes, il n'est pas facile de déterminer l'effet de chaque emploi particulier. C'est dans les provinces qu'on peut mieux découvrir et avec plus de facilité les effets réels du travail de *factorie*; c'est là qu'il fournit une occupation régulière aux mêmes familles pendant plusieurs années consécutives; mais même à Manchester, un investigateur impartial, en visitant les *factories* et les domiciles des classes industrielles, recueillera des preuves que les enfans de parens sobres, des deux sexes, sont instruits chez eux ou dans des écoles; et, bien qu'il n'y ait que trop de chefs de famille qui négligent entièrement leurs enfans, ou qui leur donnent un mauvais exemple, lorsqu'il verra à Manchester et dans toutes les autres grandes villes, les écoles de paroisse remplies de la population des manufactures, il ne doutera plus que cette classe d'ouvriers fournit son contingent d'écoliers.

Sir David Barry, après avoir achevé sa visite médicale dans les *factories*, a écrit en ces termes : « Je dois déclarer à la Chambre cen-« trale, et j'espère que ma déclaration sera « connue du gouvernement, qu'aucun cas de « cruauté, d'oppression brutale, ou de châ-« timent suivi de contusions, de la part des « maîtres de *factories* sur leurs ouvriers, n'est

« parvenu à ma connaissance, lors de mes
« investigations en qualité de commissaire de
« *factories* en Ecosse, tandis que, au contraire,
« dans le cours de mes recherches, j'ai été
« témoin de nombreux traits de la bonté pa-
« ternelle des premiers, et de la gratitude de
« leurs dépendans. »[1]

J'ajouterai quelques exemples de l'influence
des manufactures de coton, lorsqu'elles sont
bien dirigées, sur le bien-être de ceux qui les
habitent. Un des premiers entrepôts de la manufacture de coton, c'est l'établissement de
MM. Strutt, situé dans la belle vallée de
Derwent, à quelques milles au-dessous de
Cromford, premier berceau des métiers à
filer hydrauliques. Les fabriques de coton de
cette maison distinguée ont, depuis un demi-
siècle, fourni un emploi régulier et une subsistance honnête à une population de plusieurs
milliers d'individus. Durant cette longue pé-
riode, le génie, la prudence et les capitaux
des propriétaires ont maintenu cette industrie
dans un état d'amélioration progressive, et
presque à l'abri de ces fluctuations qui, dans
cet intervalle, ont si souvent répandu la dé-

____
[1] Second rapport de la commission des *factories*,
p. 1, note.

tresse parmi les ouvriers agricoles. La renommée de l'excellence de leurs fils à tricoter
les bas et la bonneterie est telle, que la marque
de leur maison sur le grand ballot est un
passeport suffisant pour en assurer la vente,
sans examen, dans tous les marchés du globe.
C'est sous leurs auspices que s'est élevée la
belle ville de Belper, construite en pierres de
taille ; les rues, dallées de la même matière,
offrent des maisons régulières, bâties sur des
plans commodes, et où les ouvriers avec leurs
familles passent leur vie paisiblement. Les filatures, d'une simplicité élégante, bâties aussi
en pierres, ainsi que leurs autres fabriques, à
Millford, à trois milles plus bas en descendant
la rivière, sont mues entièrement par dix-huit
roues hydrauliques magnifiques, d'une force
de six cents chevaux. Un régulateur automatique, attaché à chaque roue, en règle la vitesse selon les besoins de la factorie : il n'est
jamais en repos ; on le voit sans cesse ou tendre
ou relâcher, pour ainsi dire, les brides des
roues motrices, selon le nombre des machines
qui s'y meuvent, et la force du courant d'eau
qui agit au-dehors. Comme on n'y fait pas
usage de la machine à vapeur, ce village manufacturier a tout-à-fait le pittoresque d'un

paysage italien, avec sa rivière, ses bois touf-
fus, et sa chaîne de collines dans le lointain.
On a ménagé, dans l'intérieur du bâtiment,
un réfectoire très propre où les ouvriers,
lorsqu'ils le désirent, peuvent se régaler d'une
pinte de thé ou de café chaud, y compris le
sucre et le lait, pour un *halfpenny* (un sou
de France): ceux qui en font un usage habituel ont droit de se faire traiter gratis par un
médecin lorsqu'ils sont malades. Il y a aussi
une salle de danse pour l'amusement de la
jeunesse.

Il y a plusieurs années qu'un certain nombre d'ouvriers formèrent une société pour
acheter en gros les comestibles et les vêtemens, afin d'épargner le surplus du prix qui
constitue le profit du détaillant. Comme cette
société paraissait être avantageuse, elle reçut
l'adhésion des propriétaires; l'un d'eux, pour
l'encourager, se fit membre du comité directeur. Ce plan parut réussir pendant quelques
années : on achetait des marchandises au
comptant, et, selon toute apparence, au plus
bas prix courant; puis on les distribuait aux
membres de la société, selon leurs désirs ou
leurs moyens. Les profits pécuniaires, ou le
montant des épargnes, était, au bout de l'an-

née, partagé entre les sociétaires, et s'élevait ordinairement à une somme presque suffisante pour payer leurs loyers. Par la suite, certains griefs qu'on n'avait pas prévus commencèrent à se manifester. Des commis voyageurs, qui venaient prendre les commandes, trouvèrent qu'on pouvait, avec avantage, donner une prime à un secrétaire ou trésorier influent, et s'assurer ainsi la préférence pour la vente d'articles inférieurs, comme par exemple du thé, du drap, etc., à un prix bien au-dessus de leur valeur réelle, moyennant un paiement au comptant. Il s'éleva des soupçons et des disputes. Le comité, quoique librement élu par la totalité du corps des ouvriers associés, était naturellement choisi parmi les principaux, tels que les surveillans et autres. Les membres de ce comité étaient, par conséquent, réélus d'année en année, ce qui porta quelques uns d'entre eux à consulter leurs propres intérêts plutôt que ceux de toute la société. Ils s'occupèrent bientôt uniquement de passer des marchés, soit pour la société, soit pour leur propre compte; l'intérêt personnel s'empara de leurs pensées jusqu'à leur faire oublier entièrement leurs devoirs de fabrique. Le grand abus de ce plan, c'était d'ôter aux ouvriers la liberté de diriger leur bourse ; leurs gages étaient en effet absorbés par ce trafic, car ils se payaient en marchandises et en articles qui n'étaient pas de toute nécessité, et que l'ouvrier n'aurait probablement pas achetés s'il avait dû les payer en argent. La plupart des ouvriers intelligens s'étant aperçus de cet abus, et voyant qu'il leur enlevait, pour ainsi dire, toute liberté d'agir, manifestèrent le désir de rompre cette association. C'est ainsi qu'après une épreuve de treize ans, la société de Belper fut abandonnée volontairement par les ouvriers. Cet essai a prouvé que la libre concurrence des marchands ordinaires est une meilleure garantie pour l'achat des comestibles et des articles d'habillement à des prix modérés.

Ce que j'ai vu moi-même, les dimanches comme les jours ouvrables, me donne la conviction que la population de Belper, sous le rapport de la santé, des douceurs de la vie domestique et de l'instruction religieuse, est dans un état bien plus prospère que celle de la plupart de nos villages agricoles. Les ateliers sont bien aérés, et propres comme des salons. Les enfans ont le teint frais, et travaillent avec dextérité à leurs différentes occupations.

Le plus ancien des cinq établissemens appartenant à la grande ferme de MM. Greg et fils, de Manchester, est situé à Quarry-Bank, près de Wilmslow, dans le Cheshire : ces manufacturiers fabriquent la centième partie de tout le coton qui se consomme dans la Grande-Bretagne. La *factorie* a pour moteur une élégante roue hydraulique de trente-deux pieds de diamètre et de vingt-quatre pieds de largeur, équivalant à une force de cent vingt chevaux. Ses environs sont de toute beauté, et présentent une suite de vallées pittoresques, couvertes de bois, et entrecoupées de champs richement cultivés. A quelque distance de la *factorie* s'élève une belle maison à deux étages, et bâtie pour la convenance des apprentis. Là, soixante jeunes filles sont nourries, vêtues, logées et instruites sous une douce surveillance ; leur conduite dans les ateliers ainsi qu'à l'église de Wilmslow, le dimanche, où je les vis assemblées, prouve un bien-être qui fait le plus grand honneur à l'humanité et à l'intelligence des propriétaires. Les élèves de l'école du dimanche, qui sont aussi très nombreux, et qui appartiennent à la population agricole, paraissaient avec un grand désavantage à côté des enfans de la factorie, qui sont mieux vêtus et de meilleure mine que les premiers, dont la tenue pendant l'office divin était assez irrévérente.

MM. Greg filent environ soixante mille livres de coton par semaine dans leurs cinq établissemens, ce qui s'élève à la prodigieuse quantité de trois millions cent vingt mille livres par an ; c'est la plus grande compagnie de filature du royaume '. Un seul *penny* (2 sous de France) par livre sur le prix du coton en laine leur fait une différence de 3,000 livres sterling par an.

Les jeunes filles apprenties de la filature de Quarry-Bank viennent en partie de sa paroisse, en partie de Chelsea, mais principalement de la maison de charité de Liverpool. Les propriétaires paient un homme et une femme pour en prendre soin de toutes les manières ; elles ont aussi un maître et une maîtresse d'école, et un médecin. Ce sont MM. Greg qui se chargent de soigner l'éducation des garçons, et leurs sœurs surveillent celle des filles, auxquelles on enseigne la lecture, l'écriture, le calcul, les ouvrages à

' En 1834, toute la consommation de l'intérieur s'est élevée à 308,602,401 livres.

l'aiguille et autres talens domestiques. La santé de tous ces apprentis surpasse celle de toute autre classe d'ouvriers dans les différentes branches d'industrie. Le certificat de santé, présenté à la commission des factories, prouve que la mortalité n'est parmi eux que dans la proportion d'une sur cent cinquante, un tiers de la mortalité moyenne du Lancashire. Les âges varient de dix à vingt et un ans. Lorsque les filles ont atteint l'âge convenable, elles épousent presque toujours des ouvriers de la manufacture, continuent de travailler, et reçoivent de meilleurs gages que les autres ouvrières, attendu qu'elles sont obligées de tenir maison à part. Dans le cours de quarante ans, depuis l'établissement de ce système par feu M. Greg père, il n'y a eu que deux ou trois de ces familles, que leur extrême misère ait forcées de se mettre à la charge de la paroisse. Les apprentis ont une soupe au lait pour leur déjeûner, du lard et des pommes de terre pour dîner, et de la viande de boucherie tous les dimanches. On leur donne du lard tous les jours. Environ cinq cent cinquante de ces jeunes apprenties ont passé dans cet établissement pendant l'espace de quarante ans. M. W. R. Greg dit qu'en général l'éducation, parmi les ouvriers de leurs manufactures, est de beaucoup supérieure à celle des ouvriers agricoles. Il a quelquefois assisté à un petit club établi auprès d'une de leurs filatures de campagne, où s'assemblaient les gens des fermes voisines, et il a été frappé de l'infériorité de leur intelligence comparée à celle des ouvriers manufacturiers. Il a aussi remarqué que les enfans sont beaucoup plus fatigués, et qu'ils éprouvent plus de répugnance pour aller à l'école le lendemain d'une fête qu'après avoir travaillé la veille comme à l'ordinaire. Tous les enfans vont à l'école régulièrement.

Je me suis rendu à Hyde, sans y être attendu, pour examiner les factories de M. Thomas Ashton, oncle de l'aimable jeune homme qui fut tué il y a quelque temps, près de la porte de son père, par des misérables qui, pendant l'effervescence des révoltes parmi les fileurs, s'étaient vendus pour assassiner les propriétaires de factories à raison de 10 liv. sterl. par tête. Cette malheureuse victime de la fureur n'était pas un propriétaire; il n'était même pas connu personnellement des assassins, et n'avait jamais fait le moindre tort aux ouvriers. Ce meurtre, non provoqué, remplit tout le monde d'horreur; il a marqué les *unions ouvrières* d'une tache sanglante qu'elles ne pourront jamais laver.

M. T. Ashton et quatre de ses frères possèdent, dans leurs cinq établissemens indépendans de la banlieue de Hyde, quatre mille métiers à tisser mécaniques, avec tout le mécanisme accessoire pour la filature. Ils dépensent au moins 4,000 liv. sterl. par semaine, seulement pour les salaires de leurs ouvriers. A l'époque de ma visite, les ouvriers recevaient en total 1,000 liv. sterl. par jour dans les diverses factories de Hyde, dont le territoire ingrat et argileux était, il n'y a pas long-temps, mal cultivé et mal peuplé. Aujourd'hui il contient plus de soixante mille habitans, tous avantageusement employés et bien nourris, en y comprenant les petits bourgs de Duckenfield et de Stayley-Bridge.

Les filatures de coton de M. T. Ashton sont agréablement groupées sur une pente légère que traverse un ruisseau, tributaire de la Mersey. Ce ruisseau fournit à ses pompes à vapeur la force condensatrice, tandis que leur force expansive vient des riches mines de charbon qui s'étendent immédiatement sous le sol de ces filatures. Voilà l'élément moteur qui embrasse et qui anime toute cette région. Les maisons occupées par ses ouvriers sont en pierre, et très commodes; elles se composent chacune de quatre chambres au moins, sur deux étages de hauteur, avec une arrière-cour et une remise. Le loyer, pour un bon logement, y compris une cuisine avec un four et une chaudière, n'est que de 8 liv. sterl. par an, et l'on peut se procurer le combustible à raison de 9 schellings par tonneau. J'entrai dans plusieurs de ces maisons, et je les trouvai plus richement meublées qu'aucune des maisons d'ouvriers que j'eusse jamais vues. Je vis dans l'une une paire de sophas, avec de bonnes chaises, une pendule à huitaine dans un coffre d'acajou, et sur les murs plusieurs tableaux à l'huile nouvellement peints : l'un était un portrait de famille représentant une des filles cadettes, jeune paysanne sémillante, portant une corbeille au bras; un portrait de la Vierge et de l'Enfant Jésus à Bethléem, et un autre représentant le Christ couronné d'épines : tous ces ouvrages faisaient honneur au talent de l'artiste. Dans une autre maison, je vis un baromètre circulaire en très bon état, auquel était attaché un thermomètre suspendu au mur blanc comme la neige. Dans une troisième, il y avait un piano et une petite fille qui étudiait.

Ce qui attira surtout mon attention, ce fut une jolie maison, avec une boutique, dans l'une des rues où demeurent les ouvriers de M. T. Ashton. Ayant demandé par qui elle était occupée, j'appris que c'était par un fileur qui, après avoir épargné sur le produit de son travail une somme de 200 liv., avait versé ce capital dans une branche de commerce en détail, aujourd'hui dirigée par sa femme, personne d'un extérieur soigné, tandis que le mari poursuit ses travaux lucratifs dans les ateliers de la filature.

Presque toute la jeunesse des deux sexes employée dans les factories cultive son goût pour la musique. Les propriétaires ayant fait construire une superbe école, les ouvriers souscrivirent entre eux spontanément pour une somme de 150 liv. sterl. (4,000 francs), et achetèrent un orgue, aujourd'hui érigé dans la galerie de la grande salle de l'école. On le fait jouer les dimanches pendant l'office divin, et certains soirs alternés pendant la semaine : ce sont des filles employées aux métiers à tisser mécaniques qui font les fonctions d'organistes. L'une d'elles, âgée d'environ dix-sept ans, s'en acquitte, dit-on, passablement. On a débité tant de sottises touchant les difformités et les maladies auxquelles sont sujets les enfans employés dans les manufactures, que certains lecteurs auront peine à me croire quand j'affirme que je n'ai jamais vu dans aucun pays, sur un nombre égal de jeunes femmes des classes inférieures, tant de physionomies agréables et de beaux visages que dans les neuf galeries de tisseranderie mécanique appartenant à **M. Ashton.** Le travail léger et la position droite des ouvrières occupées aux métiers, joints à l'habitude qu'elles ont pour la plupart de s'exercer les bras et les épaules en appuyant les mains sur le battant ou porte-navette pendant qu'il balance en avant et en arrière avec la mécanique, leur ouvrent la poitrine, et leur donne en général un maintien gracieux. Un grand nombre d'entre elles ont adopté l'usage de se coiffer de mouchoirs, auxquels elles donnent un tour élégant. Leurs traits ont quelque chose du style classique des beautés grecques. Une de ces ouvrières, au teint vermeil, interrogée sur le temps qu'elle avait travaillé à cette manufacture, répondit neuf ans, et rougit en se voyant questionnée si légèrement. Les figures de femmes représentées dans la gravure d'un atelier de tissage mécanique, à la fin du volume, ne sont pas créées par l'imagination du peintre, ce sont des réalités qu'on peut voir tous les jours à Hyde, et dans plusieurs autres districts manufacturiers. La salle, dessinée avec autant d'esprit que de fidélité, appartient à M. Robinson de Stockport. L'artiste, pour satisfaire à mes désirs, l'a remplie de métiers de la construction de MM. Sharp et Robert, au lieu de ceux qui sont adoptés par le propriétaire, et dont le modèle diffère légèrement. Les premiers sont, à mon avis, les meilleurs, et correspondent à l'analyse complète de ce chef-d'œuvre de mécanique que nous devons donner dans l'ouvrage que nous préparons sur la manufacture de coton.

C'est dans l'élégante filature d'Égeston, près de Bolton, appartenant à MM. Ashworth, que j'eus l'occasion de juger jusqu'à quel point le travail de la factorie, continué toute la journée, est suivi le soir d'épuisement et de lassitude chez les jeunes personnes. Les propriétaires éclairés ont encouragé l'établissement d'écoles pour l'éducation des enfans, et ils ont approprié à cet usage une chambre très commode, à côté de laquelle sont placées les choses nécessaires pour se laver les mains et le visage avant de commencer les leçons. Trois soirées par semaine sont consacrées aux garçons, et trois autres aux filles; plusieurs des ouvriers adultes, parmi ceux qui ont de l'instruction, enseignent aux élèves la lecture, l'écriture et le calcul. Les progrès paraissent être satisfaisans. Ce qui m'a surtout frappé dans ces enfans, c'est la vivacité de leurs yeux et leur pétulance générale, tout aussi remarquable que celle des écoliers d'une école d'externes ordinaire. Chaque enfant donne un *penny* (2 sous de France) par semaine pour son éducation, ce qui suffit pour défrayer les dépenses nécessaires, et leur inspire une haute idée du prix de la science et de l'indépendance qui y est attachée.

Dans les grands établissemens de Ramsbottom et de Nutthal, près de Bury, dans le Lancashire, auparavant propriété de sir R. Peel, et appartenant aujourd'hui à MM. Grant, de semblables écoles, pour l'éducation des enfans de factorie, sont dirigées d'après les principes les plus libéraux, et avec un succès remarquable, sous l'administration vraiment maternelle de mistress John Grant. Ici, la vue d'un Écossais peut s'arrêter agréablement sur une église nationale, d'une architecture élégante, et située sur une éminence pittoresque, à quelque distance des filatures. Cet édifice est le pieux tribut de M. William Grant à la religion de ses ancêtres, et pour l'édification de ses ouvriers. Il lui a coûté 5,000 l. sterl., outre la dotation pour le ministre. J'eus le bonheur d'assister un dimanche à son culte primitif : c'était un plaisir de voir le profond intérêt que prenait au service divin une congrégation nombreuse, et la vénération filiale avec laquelle les assistans regardèrent leur pasteur philanthrope, lorsqu'il les congédia après l'office. Il me serait facile de multiplier les exemples de dotations fondées par des individus, pour prouver leur sollicitude paternelle pour les enfans qui leur sont confiés.

Le surveillant de la factorie de MM. Ashworth s'exprime ainsi : « Je fais moi-même ma ronde tous les matins pour veiller à ce que les enfans se lavent après le déjeûner ; quand nous découvrons qu'ils ne l'ont pas fait, nous les reprenons et nous les envoyons se laver. Nous leur fournissons du savon, des essuie-mains, et de l'eau chaude ou froide autant qu'il est nécessaire. »

Dans les villes, les liens qui attachent les

ouvriers aux maîtres ont naturellement moins de force; mais à la campagne le sentiment d'attachement est souvent porté à un point qu'il serait difficile de surpasser. « La population, aux environs d'une *factorie* de campagne, dépend quelquefois entièrement du propriétaire pour sa subsistance; mais le chef de *factorie* dépend également d'eux pour le service qu'il en retire : soit que cette dépendance mutuelle se fasse moins sentir aujourd'hui, ou que le peuple soit plus civilisé, il est certain qu'il m'a paru y avoir moins de hauteur, moins d'importance de la part du maître, et plus d'estime de la part des ouvriers, que je n'en ai jamais remarqué dans aucun district agricole. » Je partage sincèrement cette opinion de M. Tufnell. Cependant il faut avouer que dans quelques *factories*, surtout celles de lin, on peut citer des exemples où l'on n'apprécie pas assez la convenance et le bien-être des ouvriers, ni les circonstances qui doivent exercer une grande influence sur les mœurs de la jeunesse; mais ces défauts s'effacent sensiblement.

Tout esprit impartial doit être maintenant convaincu que les *factories*, et surtout les filatures de coton, sont organisées de manière à fournir aux classes ouvrières une occupation aussi facile et aussi agréable que toute autre à laquelle ces mêmes classes ont raisonnablement droit de prétendre.

Combien il est fâcheux que les personnes qui ont récemment déclamé contre le système qui rend les ouvriers des *factories* généralement victimes de l'oppression, de la misère et du vice, ne soient pas sorties de leurs retraites de ville ou des champs, pour examiner d'abord la condition relative de leurs propres ouvriers agricoles, et juger avec impartialité de quel côté penche la balance! Des faits irrécusables venaient frapper à leur porte, et ne pouvaieut que les affecter péniblement. S'ils étaient animés d'un esprit philosophique, ils auraient bientôt déterminé si c'est l'*auburn* de Goldsmith ou le *village* de Crabbe qui réfléchit le plus fidèlement l'image de la gloire de leur patrie; et, en voyant désormais la prospérité d'un village manufacturier, ils pourraient découvrir si c'est la ville qui fait honte à la campagne, ou la campagne qui fait rougir la ville. Cet examen préliminaire, qui aurait dû être entrepris avant de s'engager dans une croisade contre les filatures de coton, a toutefois reçu son développement par les commissaires de la loi sur les pauvres. D'après les documens publiés par ce tribunal irrécusable, il paraît que sans l'influence vivifiante de ses manufactures, l'Angleterre aurait depuis long-temps été inondée par la race d'hommes la plus ignorante et la plus dépravée qui existe sur toute la surface du globe. En effet, ce n'est que dans les districts manufacturiers que l'influence démoralisante du paupérisme a éprouvé une résistance efficace, et que l'esprit d'industrie, d'entreprises et de progrès, a pris un noble essor. Quel contraste entre l'apathie ou la brutalité qui se manifeste aujourd'hui dans la plupart des paroisses rurales, telles qu'elles sont représentées dans les rapports officiels, et l'activité salutaire qui anime les villes, les villages, et les hameaux des districts manufacturiers !

L'ordre sévère établi dans les ateliers ne permet pas que ceux qui sont adonnés à la boisson puissent y être employés : tous les manufacturiers respectables refusent de donner de l'ouvrage à ceux qui sont dominés par ce vice ; c'est ainsi que l'établissement des *factories* tend à réprimer l'ivrognerie. M. Marshall, M. P. de Leeds, sont d'opinion que la vie régulière des personnes qui travaillent aux *factories* rend leur santé meilleure que celle des tisserands qui travaillent chez eux. Il trouve que les salaires des ouvriers sont aussi élevés actuellement que pendant la guerre, et que, par conséquent, les salaires réels payés en denrées et en provisions sont réellement plus élevés, puisqu'ils procurent une plus forte part des douceurs de la vie. « Quoique les prix des fils de lin soient tombés de quarante pour cent, les salaires n'ont point souffert de baisse, attendu qu'à l'aide des perfection-nemens introduits dans les mécaniques, on peut filer ces fils à moins de frais. Nous n'employons aucun ouvrier qui soit adonné à l'ivresse. »

On peut comparer la description suivante de la vie du paysan, avec celle qui a été donnée (livre III, chapitre III) par l'humble ouvrier d'une filature de coton : « Le devoir de supporter nos enfans et nos parens vieux ou infirmes, est si impérieusement commandé par la voix de la nature, que les sauvages mêmes s'en acquittent le plus souvent avec honneur; à plus forte raison doit-il être observé chez une nation qui se pique de civilisation. Il nous paraît que l'Angleterre est le seul pays de l'Europe où ce devoir sacré soit né-gligé. [1]

« Si j'entreprenais de détailler le système déplorable, dégradant et ruineux qui a été suivi par tout le royaume à l'égard des pau-vres sans occupation, et pour le paiement du salaire de la paresse, on aurait peine à me croire au-delà de son territoire. Dans la plu-part des paroisses, il y a eu de cinq à quarante laboureurs sans ouvrage, se promenant toute la journée, ou jouant à divers jeux pour passer le temps, quelquefois même employant la jour-née à dormir pour être plus agiles et plus dis-pos dans le silence des ténèbres. La misérable somme que la paroisse leur accorde par se-maine ne peut suffire qu'à leur nourriture; comment font-ils donc pour se procurer des habits, pour payer leur chauffage et leur loyer? *Par le vol et le pillage;* ils commettent leurs déprédations avec tant d'art, tant de précau-tions, qu'il est presque impossible de les dé-couvrir. Nos granges, nos greniers, ont été ouverts avec des crochets; les artisans des classes inférieures, et même, dans deux ou trois cas, de petits fermiers se sont joints à une

[1] Rapport de la commission sur la loi des pauvres, in-8, p. 45.

bande de dix à vingt hommes. Ces petits fermiers ont vendu au marché du blé tellement
mélangé, que des juges compétens m'ont assuré qu'il ne pouvait avoir été produit par la
même maison, et qu'il fallait qu'il eût été volé
dans différentes granges. Quelque honteux que
soient ces faits pour un pays civilisé, je pourrais en citer un grand nombre, mais le récit
en serait révoltant. [1]

« On ne peut trouver de bons laboureurs.
Les paysans disent qu'ils ne veuleut pas labou-
rer, parce que c'est un genre de travail qui,
pour être bien fait, demande une attention
continuelle, et qui les expose à être punis s'ils
y apportent de la négligence. Les enfans même
ne veulent pas apprendre. L'hiver dernier, il
y avait dans l'atelier des pauvres neuf paysans
jeunes et robustes; leur caractère était de telle
nature qu'on n'osait leur confier le battage du
grain. [2]

« La franchise, la frugalité, l'industrie,
toutes les vertus domestiques des basses classes sont sur le point d'être éteintes. [3]

[1] Rapport de la commission sur la loi des pauvres,
in-8, p. 70.

[2] *Ibid.*

[3] Administration de la loi des pauvres, p. 77.

« Dans la paroisse de Great Shelford, Cambridgeshire, les paysans sont paresseux, déréglés, incapables de rien faire, et sont réellement les maîtres de la paroisse. Ils ne veulent pas même marcher l'espace de cinq milles pour se rendre à Cambridge, quoiqu'on leur y offre de l'ouvrage et 12 schellings par semaine. L'un d'eux, à qui l'on avait offert un acre de terrain *gratis*, le refusa, disant qu'il ne voulait pas abandonner son droit aux secours de la paroisse. C'est ainsi qu'un acte de bienfaisance pour lequel en France, en Suisse, ou en Allemagne, un homme aurait gagné l'amour et le respect de tout son voisinage, ne fait naître que de la méfiance, au lieu de la reconnaissance, dans le cœur d'un paysan anglais. »

Les agriculteurs ne donnent aux enfans et aux adolescens que la moitié des gages que payent les propriétaires de factories, tandis que les maisons de charité sont remplies de paysans sans ouvrage. Sous l'influence de la loi des pauvres, les paysans sont parqués dans des paroisses resserrées où ils se multiplient au-delà du nombre d'ouvriers nécessaires, et ils laissent grandir leurs enfans dans la paresse et l'ignorance, ce qui les empêche de jamais devenir des hommes industrieux. Cet obstacle à la circulation et au salaire du travail, ne tardera pas, il faut l'espérer, à fixer l'attention de l'administration, qui doit y porter remède. Dans les principaux districts manufacturiers, les demandes pour le travail des enfans sont tellement considérables, qu'elles rendent une nombreuse famille, non un fardeau, mais une source de bonheur et d'indépendance pour les pauvres gens. Si les parens étaient sobres et prévoyans, ils pourraient donc toujours faire de leurs enfans des membres utiles à la société.

Dans un grand nombre de cantons agricoles, la mauvaise administration de la loi des pauvres a banni du cœur des fermiers tout sentiment de droiture; elle a étouffé toute affection domestique; elle a engendré une race de harpies accoutumées à l'extorsion, au parjure et à la violence. Que peut-on attendre des enfans élevés par de telles mères, si ce n'est une paresse et une dépravation révoltantes? Cette race de mégères se fait un jeu de l'incendie; elles mettent, de gaîté de cœur, le feu aux granges des fermiers laborieux qui les ont nourris. [1]

---

[1] Les nouvelles lois sur les pauvres ont depuis un an beaucoup amélioré le sort et les mœurs de la population agricole de l'Angleterre.

Dans le rapport du docteur Mitchell, greffier employé par les commissaires de factorie, on trouve une table de la somme dépensée pour l'entretien des pauvres, à tant par tête, pour chaque individu de la population de plusieurs comtés d'Angleterre. Il paraît, d'après ce relevé, que, dans le Lancashire, en 1821, cet impôt personnel ne se montait qu'à 4 s. 8 d., et en 1831, à 4 s. 4 d. par livre sterling de rente, tandis que, dans d'autres comtés qui ont beaucoup moins de manufactures, il s'est élevé, pour ces deux années, aux chiffres suivans :

Comtés.	1821.		1831.	
Norfolk.......	14 s.	10 d.	15 s.	4 d.
Suffolk	17	9	18	3
Essex........	17	7	17	2
Wilts........	14	8	16	6

Les rapports généraux de la commission des factories démontrent que, dans presque toutes les grandes filatures de coton, les cas de cruauté ou d'oppression envers les enfans sont extrêmement rares; que ce sont les actes des ouvriers eux-mêmes, et qu'on ne saurait les attribuer au propriétaire. Dans quelques unes des filatures de coton moins considérables et plus anciennes, on a recueilli des faits qui prouvent que les enfans ont été quelquefois surchargés d'ouvrage. Dans les factories de laine et de soie qui n'avaient pas été, comme les filatures de coton, soumises aux réglemens de la législation, on a découvert, à la vérité, de nombreux exemples de mauvais traitemens envers les enfans ; mais c'était plutôt la faute des ouvriers que celle des maîtres.

Le nouvel acte contenant les réglemens sur les factories s'applique à toutes les manufactures de coton, de laine, de lin, d'étoupe, de chanvre, ou de soie qui font usage de pompes à vapeur, ou de roues hydrauliques. Lorsque le mécanisme est mu par la force de l'homme, l'acte n'est plus applicable; il ne l'est pas non plus aux factories de tulle et de dentelle.

Nul enfant ne peut être employé avant l'âge de neuf ans.

Nul enfant, au-dessous de onze ans, ne doit travailler plus de quarante-huit heures par semaine, ou plus de neuf heures dans un seul jour.

Depuis le 1er mars 1835, cette restriction s'étend aux enfans au-dessous de douze ans; et, à dater du 1er mars 1836, elle sera applicable aux enfans au-dessous de treize ans.

Pour rendre ces restrictions effectives, nul enfant ne doit rester, sous quelque prétexte que ce soit, plus de neuf heures par jour dans aucune salle de la factorie.

Les personnes au-dessous de dix-huit ans ne doivent pas travailler plus de soixante-neuf heures par semaine, ou douze heures par jour; elles ne doivent point travailler entre huit heures et demie du soir et cinq heures et demie du matin.

Les enfans au-dessous de neuf ans peuvent être employés dans les filatures de soie.

On donne une heure et demie pour les repas à toutes les jeunes personnes; mais ce temps n'est pas compris dans les neuf ou douze heures de travail.

On donne deux jours de chômage et huit demi-jours de chômage à toutes les jeunes personnes sujettes à ces restrictions.

Tout enfant restreint à quarante-huit heures de travail par semaine, doit passer au moins deux heures par jour à l'école, chacun des six jours de la semaine. Le chef de manufacture ne peut retenir à son service tout enfant qui ne se rend pas à l'école comme il est prescrit ci-dessus; c'est pourquoi le chef de manufacture doit recevoir toutes les semaines un certificat du maître d'école, qui constate que l'enfant a assisté aux leçons.

Les parens ou tuteurs de l'enfant peuvent choisir l'école. Si l'enfant n'a ni parens ni tuteurs, l'inspecteur se charge de l'enfant et enjoint au maître de retenir un *penny* sur chaque schelling de ses gages, pour payer le maître d'école. La présence de l'enfant à une école du dimanche peut être comptée au nombre des six jours d'école. Des chirurgiens sont nommés pour vérifier l'âge des enfans; et des inspecteurs, dans tous les districts des grandes manufactures, pour faire observer les réglemens par toutes les parties. Ils ont droit d'entrer dans toute factorie, tout atelier ou école qui en dépend, à toute heure de la journée, lorsque ces ateliers sont en activité; d'examiner les enfans et tous ceux qui y sont employés; de les questionner sur leur condition, leur emploi et leur éducation; d'appeler à leur aide dans cette enquête toutes les personnes qu'ils jugeront à propos, et d'exiger qu'elles fassent leur déposition, soit sur-le-champ, soit ailleurs, et qu'elles prêtent serment s'il est jugé nécessaire.

On peut imposer des amendes de 20 livres

sterling pour toute contravention à cet acte du Parlement.

Afin de rendre plus effectif le bill actuel sur les factories, les inspecteurs ont appelé la faculté de médecine à leur aide pour déterminer l'âge et la condition des enfans, et pour servir de frein aux certificats. Si les bills précédens n'avaient été qu'inutiles, ils n'auraient pas mérité le blâme; mais ils ont servi d'instrumens pour démoraliser les enfans et les parens, en induisant ceux-ci à commettre un parjure, et ceux-là à se familiariser avec le mensonge. En effet, le parjure des témoins élevait une barrière insurmontable à la conviction, et forçait les fabricans de Manchester à renoncer à toute tentative pour faire observer légalement les dispositions de l'acte de Hobhouse, à l'égard de l'âge des enfans et des heures de travail. Ces fabricans avaient le plus grand intérêt à en étendre l'opération à toutes les factories; car, lorsqu'ils ne travaillaient eux-mêmes que douze heures par jour, le prix de leur fil souffrait une dépression, attendu que les filatures de campagne faisaient des journées plus longues.

L'opération du bill de M. Hobhouse à Washington mérite l'attention du philanthrope, et prouve en même temps le tort que peut faire à la société une législation peu éclairée, quelque bonne que soit d'ailleurs l'intention du législateur. D'après les nombreux témoignages que l'on a recueillis sur cette matière, on ne peut nier que les avantages que les *factories* offrent aux enfans ne soient supérieurs à tous les autres genres d'occupation auxquels des parens nécessiteux les emploient.

Il y a trois métiers considérables dans cette ville, celui d'entêter les épingles, la coupure de la futaine, et le travail des *factories*. M. Tufnell, commissaire de *factorie*, fit une inspection minutieuse d'un grand nombre de chaumières dans les plus pauvres endroits de la ville, et entra en conversation avec les parens touchant le travail et le bien-être de leurs enfans qui étaient employés à ces métiers. Il trouva qu'ils regardaient le travail des *factories* comme la meilleure occupation, la coupure de futaine à un degré au-dessous, et en troisième ligne l'entêtage des épingles. Les parens déclarèrent que, comme il leur était défendu d'envoyer leurs enfans à la *factorie* avant qu'ils eussent atteint l'âge de onze à douze ans, ils étaient obligés de les envoyer travailler à la coupure de la futaine et à la fabrique d'épingles, travail beaucoup plus dur, plus mal payé, et tendant à détériorer la vue, ainsi qu'à altérer la santé en général, par une occupation sédentaire dans des chambres mal aérées. Ces parens dirent aux commissaires que le travail des *factories*, tel que celui de balayeur, qui consiste à ramasser les flocons détachés qui sont épars sur le plancher, n'est pas du tout malsain, et qu'ils enverraient volontiers leurs enfans aux filatures beaucoup plus tôt qu'ils ne le font, sans la loi qui les oblige à donner à leurs enfans des occupations plus laborieuses. Une femme, entre autres, à qui on demandait si les parens ne diraient pas que leurs enfans avaient treize ou quatorze ans, tandis qu'ils étaient beaucoup plus jeunes, répondit au commissaire : « Moi, je le ferais certainement; est-ce que vous ne le feriez pas? » [1]

Les enfans de petite taille, et par conséquent en bas âge, étaient plus recherchés dans les commencemens de l'établissement des manufactures de coton qu'ils ne le sont à présent, eu égard au grand nombre de bras qui y sont employés, et à la totalité du travail qui s'y fait. Les métiers hydrauliques

[1] Supplément au rapport de la commission sur les *factories*, p. 226.

d'Arkwright étaient construits très bas dans les boîtes à broches pour la convenance des enfans, et par conséquent causaient quelquefois des difformités contractées dans l'action fréquente de se ployer en deux. Le métier continu moderne *(throstle)*, qui n'exige presque jamais que l'ouvrier quitte sa position perpendiculaire, a remplacé cette machine depuis plusieurs années. Il est dirigé par de jeunes personnes de quinze ans et au-dessus, et n'exige pas l'emploi des enfans. Une jeune fille suffit pour surveiller un métier continu de deux cent vingt broches. Les enfans sont en grande partie exclus de cette branche de manufacture.

Dans le filage au métier *mull-jenny*, le nombre des enfans n'augmente pas ; il diminue plutôt en raison du nombre de broches et de la quantité de fil produite, attendu qu'il se casse moins de bouts sur les nouveaux métiers que sur les anciens. Le nombre de fileurs au mull-jenny à 35 et 40 s. par semaine, est diminué peut-être de moitié relativement au nombre de broches et d'enfans en activité, mais tous les bons ouvriers et tous ceux qui sont dociles, ont de l'ouvrage dans les *factories* nouvellement construites. Le renvideur mécanique a déjà rendu superflu les services de plusieurs enfans ; et son développement progressif en fera congédier beaucoup plus, attendu qu'une partie de ces métiers *mull-jenny* peut être dirigée par deux adolescens de seize ans et au-dessus, avec l'aide d'un jeune balayeur, qui ramasse le coton de rebut ; occupation facile à cause de la hauteur de la charpente de la machine.

Dans une excellente filature, à Stockport, montée entièrement de métiers renvideurs, six garçons de dix-huit ans et au-dessus, gagnant 14 s. par semaine, et deux enfans, conduisent six métiers ou trois paires de ces *mull-jenny* automatiques.

L'occupation principale des enfans dans les filatures de coton, se bornera bientôt au rattachage des fils dans les métiers en fin ; cet ouvrage leur permet de se tenir debout ou de se mouvoir à leur aise pendant au moins les trois quarts du temps qu'ils restent dans les ateliers de la *factorie*.

Rien ne peut améliorer autant le sort des classes ouvrières qu'une augmentation dans les demandes de marchandises, provenant d'un accroissement de consommation ; mais ce résultat est toujours plus ou moins entravé par les associations ouvrières qui embarrassent les agens de production, répandent la méfiance parmi les capitalistes, et par là privent, pour ainsi dire, les champs de l'industrie de l'influence vivifiante de la pluie et des rayons du soleil. Si les efforts de ces combinaisons, semblables aux rochers de Sisyphe, ne reculaient pas sur eux-mêmes, ils ruineraient de fond en comble tout le système des manufactures. Tourmenté comme il l'est dans la manufacture du coton, de la laine, du lin, du fer et de l'acier, par l'industrie des nations rivales, ce système ne peut rester chez nous en avant des perfectionnemens, que par la coopération loyale de l'esprit et de la main, du maître et de l'ouvrier. Une fois chassé du marché, il serait bientôt dépassé de beaucoup dans la carrière de la concurrence, par l'industrie plus frugale et plus docile des peuples du continent et des États-Unis.

Pendant mon dernier séjour dans les districts manufacturiers, j'ai recueilli plusieurs faits qui sont une nouvelle preuve des maux que ces associations se sont attirés à elles-mêmes. Les fileurs en fin de Manchester, qui ont depuis long-temps joui d'un salaire plus élevé que celui de toute autre classe d'ouvriers du monde, et qui sont encore, comme nous l'avons démontré, largement payés, furent les premiers à vouloir exercer une espèce de tyrannie sur leurs maîtres, et à convertir leur métier en une corporation exclusive à la manière des *bourgs pourris* [1] ; personne ne pouvait y être admis sans la permission du comité-directeur. C'est ainsi que les ouvriers font une guerre ouverte aux capitalistes, et se vantent de les forcer à suivre leurs volontés. Les maîtres trouvant, après plusieurs luttes renouvelées de temps à autre, qu'ils ne pouvaient effectuer une réduction dans les gages proportionnée aux prix des marchandises dans les grands marchés, eurent recours à un expédient auquel les ouvriers n'ont pu décemment s'opposer, attendu qu'il tendait directement à élever, ou du moins à maintenir les gages de chaque fileur, mais en diminuant le nombre d'ouvriers nécessaires pour la même

[1] « Je me rappelle une sédition, en 1802, qui dura de « quatorze à quinze semaines ; c'était pour les salaires ; « à cette époque un bon fileur au mull-jenny gagnait « 60 sch. par semaine, et une sédition s'éleva parmi eux ; « c'est ce qui arrive toujours : ceux qui n'ont qu'un médiocre salaire ne se mutinent jamais. » Aaron Lees, esq., dans le premier rapport de la commission sur les *factories*, D. 2, p. 91.

quantité d'ouvrage ; de manière que ceux qui étaient occupés, prospéraient, tandis que la masse des ouvriers en pâtissait. C'est ainsi que la justice a repris son empire en élevant le mérite à un poste lucratif et en réprimant une coalition inique. Comme toute augmentation de revenu met l'ouvrier à même de satisfaire plus amplement ses besoins de luxe, il ne se refuse jamais à entreprendre quelque surcroît de travail provenant de l'allongement des mull-jenny, pour une augmentation de salaire.

La nécessité d'agrandir les métiers à filer, nécessité créée par les décrets des associations d'ouvriers, a donné depuis peu une impulsion extraordinaire à la science mécanique. C'est un plaisir de voir de huit cents à mille broches d'acier poli se mouvoir en avant et en arrière sur une ligne d'une régularité mathématique, tourner chacune sur son axe avec une vitesse et une précision égales, et former des fils d'une ténuité, d'une force et d'une uniformité surprenantes. En doublant la grandeur de son métier *mull-jenny*, le propriétaire peut se défaire des ouvriers médiocres ou mutins, et redevenir maître chez lui, ce qui est un grand avantage. Je suis persuadé que sans les extravagantes prétentions du comité-directeur des unions, ce malheur ne serait pas arrivé aux ouvriers, et cela pour deux raisons : d'abord parce que l'extension du métier *mull-jenny* occasionne une grande dépense, et en second lieu, il faut que la ligne des broches soit placée parallèlement à la longueur des salles . et non à leur largeur, position assignée dès le principe comme la plus propre à laisser tomber le jour sur les fils.

Par cet allongement merveilleux, un seul fileur peut diriger une paire de métiers *mull-jenny* contenant de quinze cents à deux mille broches, et dispense du travail d'un ou de deux compagnons fileurs. Les ouvriers ainsi déplacés pourraient facilement trouver de l'emploi en travaillant au métier à tisser mécanique à raison de 15 schel. par semaine; mais généralement parlant ils ne veulent pas condescendre à accepter cette occupation inférieure; ils préfèrent passer leur temps dans le désœuvrement, et consumer les fonds de leur société, à laquelle ils donnent une leçon de modération. Cependant les chefs de *factories* peuvent choisir parmi un grand nombre de bons ouvriers, et ont le droit d'exiger le meilleur travail, attendu qu'ils peuvent les remplacer par d'autres, en cas de négligence ou d'incapacité.

L'économiste demandera naturellement comment, avec tant de bras inoccupés, les salaires
du fileur enfin ont pu se maintenir au taux
actuel. Voici la réponse que fit à cette question l'un des manufacturiers les mieux instruits:
« Nous trouvons qu'une médiocre épargne sur
« les gages est de peu de conséquence en com-
« paraison du contentement; c'est pourquoi
« nous les retenons aussi haut qu'il est possible,
« afin d'avoir le droit d'exiger la meilleure qua-
« lité de travail. Un fileur compte sur une paire
« de métiers *mull-jenny* qui lui sont confiés
« dans notre factorie, comme sur une rente via-
« gère; c'est pourquoi il fait tout son possible
« pour garder sa place, et pour soutenir la
« haute renommée de notre fil. »

Dans les filatures de gros fil pour calicos,
futaines et autres étoffes grossières, les fileurs
ont abusé de leurs priviléges jusqu'à l'excès,
dictant des lois à leurs maîtres de la manière
la plus arrogante, comme nous l'avons déjà
fait connaître. Les salaires élevés, au lieu d'exciter dans leur esprit la reconnaissance et une
amélioration morale, ne leur ont que trop souvent inspiré de l'orgueil, et fourni des fonds
pour encourager des esprits turbulens à se
mutiner; ces mutineries ont été le fléau des

manufacturiers les uns après les autres, dans tous les districts du Lancashire et du Lanarkshire, et ne tendaient qu'à les dégrader et à les réduire à l'état de servitude. Pendant une de ces émeutes désastreuses, à Hyde, à Stayley-Bridge et dans les bourgs manufacturiers des environs, plusieurs capitalistes, craignant que leur industrie ne se réfugiât en France, en Belgique et aux États-Unis, eurent recours aux célèbres machinistes, MM. Sharp et Cie, de Manchester, les priant d'appliquer le génie inventif de leur associé, M. Roberts, à la construction d'un métier *mull-jenny* automatique, afin de délivrer leur industrie du honteux esclavage et de la ruine dont elle était menacée. Ayant reçu l'assurance de l'encouragement le plus libéral dans l'adoption de ses inventions, M. Roberts, alors très peu versé dans le mécanisme des métiers à filer, interrompit les travaux de sa profession comme ingénieur, et appliqua toute la fertilité de son génie à construire un automate-fileur.

L'ourdissage, la filature en gros et le tordage du fil avaient déjà été produits, en grande partie, par l'opération du mécanisme automatique, grâce aux travaux de Crompton et de Kelly, premiers inventeurs et perfectionneurs du métier *mull-jenny*. Mais le dévidage des spires des fils autour des pointes de broches, et l'envidage du fil sur la broche en forme d'élégant conoïde, c'était là le nœud gordien qui restait à dénouer pour M. Roberts. Ce problème ne l'embarrassa pas long-temps, car à la grande satisfaction des chefs de manufactures, qui ne cessaient de l'encourager à faire de nouveaux efforts, par leurs fréquentes visites, il produisit, dans le cours de quelques mois, une machine qui paraissait douée de la pensée, du sentiment et du tact de l'ouvrier expérimenté ; cette machine, encore dans son enfance, déployait déjà un nouveau principe de mécanisme, propre à remplir, dans son état de perfectionnement, les fonctions d'un fileur accompli. C'est ainsi que *l'homme de fer*, comme l'appellent avec raison les ouvriers, sortit des mains de notre Prométhée moderne, au commandement de Minerve ; création destinée à rétablir l'ordre parmi les classes industrielles, et à maintenir à la Grande-Bretagne l'empire de l'industrie cotonnière. La nouvelle de la naissance de cet Hercule-fileur répandit la consternation parmi les associations ; et long-temps avant d'être sorti de son berceau, il avait déjà étouffé l'hydre de la sédition. Il faut espérer que les manufacturiers qui ont reçu ce génie tutélaire des mains de la mécanique, soutiendront par leur patronage reconnaissant le bras qui les a sauvés dans le plus fort de leur détresse. Je tiens de bonne part que les courageux associés de M. Roberts n'ont pas dépensé moins de 12,000 livres sterling pour amener le renvideur à son état actuel de perfection. Si l'inventeur n'avait pas été si puissamment secondé, il aurait peut-être partagé le malheureux sort de maint homme de génie; il se serait vu enlever le fruit de ses longs travaux, exposés nuit et jour à l'avidité de contrefacteurs qui l'auraient défiguré pour se l'approprier.

Il y a plusieurs mois, cette machine était en activité dans plus de soixante filatures, qui contiennent ensemble de trois à quatre cent mille broches, dont chacune file régulièrement, dans l'espace de douze heures, quatre écheveaux de fil, terme moyen, soit pour la chaîne, soit pour la trame, au gré du propriétaire. Le fil est sans contredit d'une qualité supérieure à celui qui est filé à la main, et on peut en varier la grosseur, selon l'ajustement des pièces du métier, depuis seize jusqu'à quarante écheveaux par livre pesant, nombre qui convient pour tisser d'excellens calicos, des futaines et des velours. J'ai admiré pendant des heures entières la rapidité et la précision avec lesquelles le renvideur exécute la multiplicité de ses mouvemens successifs et rétrogrades ; je m'estime heureux de posséder une série complète de dessins propres à donner à un étudiant attentif une idée nette de chaque levier, de chaque poulie et de chaque roue dont se compose cet automate, dont la force productrice est sans égale. Cet instrument contient presque toutes les variétés possibles de l'organisation mécanique. Cette invention vient à l'appui de la doctrine que nous avons déjà exposée ; c'est que lorsque le capital enrôle la science à son service, la main rebelle de l'industrie apprend toujours à être docile.

Cette vérité se fortifie par l'impression moderne des indiennes. Cet art élégant, dont les opérations renferment les plus ingénieux problêmes de la chimie et de la mécanique, était depuis long-temps le jouet de journaliers imbécilles, qui se servaient des moyens mêmes qu'ils avaient de se rendre heureux pour faire la guerre à leurs maîtres et au commerce lui-même, et complotaient pour tuer la poule qui leur pondait des œufs d'or, ou pour la forcer de s'envoler vers un pays étranger, où elle pourrait vivre sans être molestée.

Les ouvriers en impression, de même que certains chefs de travaux publics chez les anciens Égyptiens, dictaient, au manufacturier, le nombre et la qualité des apprentis qu'ils devaient prendre à leur service, les heures de travail et les salaires qu'il fallait payer aux ouvriers. Enfin les capitalistes cherchèrent à s'affranchir de cet esclavage insupportable, en s'aidant des ressources de la science, et ils furent bientôt réintégrés dans leurs droits légitimes, ceux de la tête sur les autres parties du corps. Dans tous les grands établissemens, aujourd'hui, il y a des machines à quatre et à cinq couleurs, qui rendent l'impression en calicot un procédé expéditif et infaillible. Je les ai vu imprimer des dessins superbes en couleurs bon teint, et sans mélange de nuances, à des tissus blancs, qui passaient au travers de leur mécanisme à raison d'un mille à l'heure. On m'a également permis de tirer un plan exact de ce curieux mécanisme; ces dessins en développent la structure intérieure et les pièces délicates, pour servir à l'instruction du public. C'est sous l'influence oppressive de ces mêmes confédérations despotiques, que l'appareil auto-matique pour les opérations de la teinture et du rinçage a été inventé.

Un jour, je vis des placards affichés par toute la ville de Manchester, par lesquels on demandait un nombre considérable de pareurs, pour tisser à la mécanique dans une factorie bien établie, et j'en inférai que quelques uns des artisans les mieux payés s'étaient révoltés. Peu de temps après, en entrant dans les ateliers de construction de M. Lillie, j'aperçus le résultat de cette sédition : c'était un nouvel appareil qu'on préparait pour mettre le fabricant indépendant à même de parer la chaîne aussi bien que le monopoleur, et avec trois fois plus de promptitude. Ainsi la horde des mécontens, qui se croyaient retranchés d'une manière invincible derrière les anciennes lignes de la division du travail, s'est vue prise en flanc, et ses moyens de défense ayant été annulés par la tactique moderne des machinistes, elle a été obligée de se rendre à discrétion. J'ai vu depuis la machine nouvelle à empeser en activité, parant la chaîne à raison de près de deux milles de longueur par heure.

De semblables révolutions montrent l'aveu-

glement humain sous son caractère le plus mé-
prisable, celui d'un homme qui se rend son
propre bourreau. Combien son sort serait dif-
férent, s'il suivait paisiblement le progrès du
perfectionnement destiné par la Providence à
émanciper ses fonctions animales du travail
de la brute, et à donner à ses facultés intellectuelles le loisir de songer à ses intérêts im-
mortels!

D'après plusieurs circonstances qui ont
frappé les commissaires, et qui m'ont frappé
moi-même, on peut inférer qu'un tel résultat
n'est pas au-dessus de la portée de l'ouvrier.

Un fileur au mull-jenny déclara à M. Tufnell que, durant les intervalles de travail que
lui laissaient ses broches à vapeur, il avait lu
plusieurs livres d'un bout à l'autre. Les ouvriers qui surveillent les métiers de MM. Boden
et Morley, dans leur fabrique de dentelle,
parfaitement organisée à Derby, m'ont paru
tellement à leur aise, qu'ils pourraient s'adon-
ner à l'étude des sciences dans le cours de leur
occupation. Les bataillons de bobines, qui se
montent à plus de cent mille, sont si bien dis-
ciplinés qu'ils font des marches et des contre-
marches, ouvrent leurs rangs et les resserrent,
sans s'arrêter un instant, au seul commande-

ment de la pompe à vapeur, avec une précision
à laquelle ne sont pas parvenues les troupes
les mieux disciplinées de Frédéric-le-Grand.

Le prix des denrées, du logement, de l'habillement et du chauffage, en Angleterre, dans
les districts manufacturiers, est tellement modéré, qu'il met une heureuse aisance à la
portée de tout ouvrier économe, et rend son
sort infiniment supérieur à celui de ses compagnons dans le reste de l'Europe. L'Amérique,
avec ses vastes territoires de culture, ne saurait
entrer en comparaison; ses fermes produisent
une ressource inépuisable à ses ouvriers sans
ouvrage, ressource qui n'existe pas dans les
États surchargés de population de l'ancien
monde.

On verra, par le tableau suivant, le peu
qu'il en coûte pour soutenir la vie d'un homme
en état de santé dans le grand entrepôt manufacturier de l'Angleterre. Entre ce prix et le
taux moyen des salaires de chaque ouvrier, il
y a, et il doit y avoir, une grande latitude : il
faut espérer qu'elle ne sera jamais diminuée,
mais qu'elle sera plutôt augmentée, pour le
bien-être des individus laborieux, par une libre concurrence de l'industrie.

PRISON DE NEW-BAILEY, A MANCHESTER, DEPUIS LE MOIS DE JUILLET JUSQU'AUX ASSISES D'OCTOBRE 1834.

Frais de table d'un prisonnier, par semaine, à la fin du trimestre.

		s.	d.
7 pains de 20 onces chacun, à $1\frac{1}{8}$ d. la livre		0	$9\frac{54}{64}$
$31\frac{1}{2}$ onces de farine, à 27 s. 6 d. le sac......		0	$2\frac{43}{64}$
5 livres de pommes de terre, à 5 s. 8 d. *idem.*		0	$1\frac{4}{64}$
1 litron de pois, à 6 s. 6 d. le boisseau...		0	$1\frac{14}{64}$
$3\frac{1}{2}$ onces de sel, à 1 s. *idem.*............		0	$0\frac{3}{64}$
1 livre de bœuf.......................		0	$2\frac{48}{64}$
1 litre de soupe......................		0	$0\frac{48}{64}$

————1s. $6\frac{22}{64}$ d.

Frais de table d'une prisonnière, par semaine à la fin du trimestre.

		s.	d.
7 pains de 16 onces chacun, à $1\frac{1}{8}$ d. la livre.		0	$7\frac{56}{64}$
$15\frac{3}{4}$ onces de farine, à 27 s. 6 d. le sac.......		0	$1\frac{21}{64}$
7 livres de pommes de terre, à 5 s. 8 d. *idem.*		0	$1\frac{58}{64}$
$3\frac{1}{2}$ onces de sel, à 1 s. le boisseau........		0	$0\frac{3}{64}$
7 demi-litres de soupe.................		0	$2\frac{40}{64}$

————1s. $1\frac{50}{64}$ d.

W. S. RUTTER, économe.

Généralement parlant, si l'on compare les salaires des ouvriers des différentes classes, de tout sexe et de tout âge, avec les prix des provisions et autres articles de nécessité dans les marchés du Lancashire, il paraît que toutes les aisances, et même un grand nombre de celles que nos ancêtres auraient comptées parmi les articles de luxe, sont maintenant à la portée de la population manufacturière, et se trouvent le plus souvent dans leurs domiciles. Le grand point où doivent tendre maintenant tous nos efforts, c'est de persuader à nos artisans de vivre avec tempérance, de ménager leurs gains, et de placer le surplus de leurs fonds d'une manière avantageuse. C'est dans cette vue que la société de Prévoyance de Manchester et de Salford fut établie en mars 1833, sous les auspices de quelques vrais philanthropes. Leur but est d'encourager l'industrie et la frugalité, de supprimer la mendicité et l'imposture, et de soulager parfois les malades et les victimes de malheurs inévitables. Des sociétés semblables se sont organisées depuis à Preston, à Wigan, à Bury, et dans plusieurs autres grandes villes manufacturières; elles avancent toutes avec succès dans leur carrière de bienfaisance. On a divisé Manchester en quartiers, qui sont tracés en grand sur des plans, et qui indiquent toutes les maisons sans exception. Par ce moyen, les membres des divers comités sont à même de rechercher la pauvreté jusque dans ses réduits les plus obscurs.

Je ne saurais mieux terminer ces détails des sources de bonheur de nos ouvriers manufacturiers, que par la table ci-jointe, en rappelant toutefois au lecteur le bas prix des denrées en Angleterre.

TARIF *des salaires dans les fabriques de coton en Angleterre, dans les différens États du continent, et aux États-Unis.*

PAYS.	QUANTITÉ de coton brut consommée.	HEURES de travail par semaine.	MOYENNE des salaires.
Angleterre.....	240,000,000	69	11
Amérique......	77,000,000	78	10
France.........	74,000,000	72—84	$\frac{5}{8}$
Prusse.........	7,000,000	72—90	
Suisse.........	19,000,000	78—84	$4\frac{1}{2}$
Tyrol.........	12,000,000	72—80	4
Saxe..........	5,000,000	72	$\frac{3}{4}$
Bonn en Prusse	———	94	$\frac{2}{3}$ $\frac{1}{2}$ [1]

[1] Rapport de la commission sur les *factories.* Première partie, D. 2, p. 44.

CHAPITRE II.

État sanitaire des Manufactures.

La santé des ouvriers employés dans les manufactures a fourni à M. Sadler un sujet de recherches médicales en forme de dialogues, qui pourrait faire suite aux scènes comiques du *Malade imaginaire*. Il invita plusieurs célèbres médecins de Londres à exposer à la commission quelques hypothèses scientifiques sur la génération des maladies qu'entraîne le travail dans les filatures de coton; sujet que ces médecins n'avaient jamais ni vu ni étudié; et, comme on devait naturellement s'y attendre, ils ont donné dans leur rapport des preuves singulières de la souplesse de l'esprit médical. Je laisse à l'ingénieux auteur de *Paul Pry*, ou du *Comic Annual* la tâche de dramatiser les détails de la découverte alors publiée par la Faculté, savoir : *qu'une extrême fatigue du corps ou de l'esprit, jointe à une privation de nourriture, d'air et de sommeil, est préjudiciable à la santé.* Je me bornerai à faire remarquer leurs conclusions spéciales, relativement au genre de maladie qui doit résulter du travail dans les *factories*.

Un ingénieux médecin, interrogé sur les effets que produit le travail de nuit sur les enfans des *factories*, blâma cet usage, parce que le docteur Edwards, de Paris, avait découvert que *si les têtards sont privés de lumière, ils n'arrivent jamais à l'état de la grenouille; et en outre, que les Caraïbes, les Mexicains, les Péruviens et autres peuples sauvages (dont le nombre s'élève à plusieurs millions), ne sont jamais sujets à des difformités, parce qu'ils sont constamment exposés à la lumière.* La *Figure* 55, page 49, qui représente le filage au métier *mull-jenny*, mettra la Faculté à même de juger du nombre et de l'éclat lumineux des becs de gaz d'une filature de coton, et les membres les plus sceptiques resteront probablement convaincus que, sous le rapport de la lumière, les enfans employés dans les *factories* ne sont pas en danger de languir dans l'état de têtards. [1]

---

[1] Toutefois les principaux maîtres de filature s'accordent à proscrire le travail de nuit, comme étant aussi pernicieux sous le rapport pécuniaire que sous le rapport moral. (*Voyez* la note D.)

Les maladies qui peuvent résulter du travail de *factorie* sont, selon l'opinion de ces oracles d'Esculape, les affections scrofuleuses de toute espèce. «Il serait presque impossible, dit l'un d'eux, d'énumérer, dans un court sommaire, les nombreux et funestes effets des maladies scrofuleuses; mais nous ferons observer que d'abord les glandes mésentériques sont souvent le siége du mal, et qu'ensuite ce sont les glandes absorbantes de la région cervicale. En second lieu, le mal attaque la peau sous la forme d'éruptions écailleuses, de gerçures, de taches, d'ulcères et de tubercules. Les yeux sont affectés des diverses espèces d'ophthalmie scrofuleuse, affections qui se terminent souvent par une cécité complète; quelquefois les os et surtout les jointures se mortifient et entraînent la carie dans la colonne vertébrale, accompagnée d'enflures blanchâtres. Les viscères tels que le foie, le cerveau, la rate etc., sont affectés de tubercules. Enfin, les poumons deviennent le siége de ce mal destructeur, qui prend alors la forme de cette maladie incurable, inhérente à notre climat, la consomption pulmonaire. Voilà en vérité, ajoute-t-il, une triste liste de maladies; liste, je suis fâché de l'avouer, qu'on pourrait augmenter de beaucoup, si l'on y ajoutait tous les maux provenant de la négligence et de l'ignorance des personnes chargées du soin d'un âge innocent, qui demande notre sympathie, et qui a les droits les plus sacrés à notre sollicitude paternelle. Je crains bien que notre patrie ne contracte une dette morale effrayante, *en permettant le développement d'un système qui, par l'emploi des enfans dans les* factories, *tend directement à la création de toutes les circonstances qui entraînent infailliblement une longue série de maladies.* »[1]

HORRESCO REFERENS!

« Je crois que la commission est instruite « de la grande quantité d'opium qui se con- « somme dans les villes manufacturières. »[2]

Un grand physiologiste s'exprime ainsi : « Un état de choses tel que celui qu'on vient de décrire, serait très préjudiciable à la constitution, et causerait une infinité de maladies; la grande maladie proprement dite, ce sont les écrouelles. »[3] Un chirurgien distingué de l'un de nos hôpitaux est appelé à prouver que les

[1] Commission sur le Bill des *factories*, p. 586.
[2] *Ibid.*
[3] *Ibid.*, p. 603.

circonstances ci-dessus désignées doivent tôt ou tard, dans la plupart des cas, engendrer les écrouelles, maladie qu'on peut regarder comme la cause des difformités et des vices de croissance, ainsi que de la détérioration de la santé, auxquels les jeunes personnes surtout sont sujettes. »

La lettre suivante du docteur **E. Carbutt**, médecin de l'infirmerie royale de **Manchester**, etc., fait ressortir d'une manière plaisante l'absurdité de cet amphigouri théorique :

« Messieurs, j'ai répondu de mon mieux aux diverses questions que vous m'avez fait l'honneur de me soumettre; qu'il me soit permis maintenant de faire quelques observations sur un sujet qui n'a pas trait à ces questions, mais qui concerne spécialement les étranges exagérations des témoins de la Faculté, surtout ceux de Londres, à l'égard des maladies engendrées dans les filatures de coton. Ces messieurs, dont presque aucun n'a jamais eu l'occasion de voir des personnes employées dans les filatures, attribuent, presque sans exception, aux travaux des *factories* la production des affections scrofuleuses. Or, le fait est que les écrouelles sont presque inconnues dans nos filatures de coton, quoique le climat de cette ville et de ses environs soit singulièrement froid et humide. Dans le cours d'un examen très étendu que je fis avec d'autres médecins, il y a quelques années, nous découvrîmes, à notre grand étonnement, que les filatures de coton, au lieu de produire les écrouelles, agissent en quelque sorte comme un préservatif. Feu M. Gavin Hamilton, qui fut pendant trente-six ans chirurgien de notre infirmerie, et qui préalablement avait été chirurgien aux *Queen's Bays* (régiment de dragons), dit un jour en ma présence, après avoir examiné une *factorie* de coton : « *Parbleu! nous avons trouvé que* « *les* factories *sont un spécifique contre les* « *écrouelles.* » Sur quatre cent une personnes employées dans une *factorie,* qui furent examinées par le docteur Holme et par M. Scott, chirurgien des carabiniers, il n'y en avait que huit affectées des écrouelles, et ils ne trouvèrent pas un seul cas de distorsion de l'épine ni des membres. » — Après avoir cité l'état de la population de plusieurs filatures, où l'on ne voit pas la moindre apparence des écrouelles, le docteur ajoute : « Cette absence remarqua- « ble des écrouelles, j'ose, avec toute la dé- « férence due au médecin qui fait partie de

« votre corps, l'attribuer à la chaleur des
« ateliers de filature, à la légèreté de l'ouvrage,
« à la nourriture et aux vêtemens d'une qua-
« lité supérieure, que les salaires élevés des
« ouvriers leur permettent de se procurer.

« J'ajouterai seulement aux faits qui précè-
« dent, que, durant les seize ans que j'ai eu
« l'honneur d'être médecin de l'infirmerie
« royale de Manchester, dans les consultations
« préalables à une opération quelconque, et
« auxquelles les médecins, ainsi que les chi-
« rurgiens, sont sommés d'assister, j'ai presque
« toujours interrogé le malade sur le genre
« de métier qu'il exerçait, surtout lorsque
« c'était un cas de distorsion d'un membre ou
« d'une jointure. La réponse à cette question n'a
« presque jamais été *ouvrier dans une filature*
« *de coton*, mais presque toujours *tisserand à*
« *la main*, ou *chapelier*, ou *autre métier*. » [1]

A l'égard de l'imputation faite aux ouvriers
de *factories*, de prendre de l'opium, le document suivant suffira pour les en disculper :

« Je ne m'aperçois nullement que cet usage
« soit répandu à Manchester. La Faculté en
« ignore même l'existence; M. Williams, dro-

---

[1] Commission sur les *factories*. Appendice aux rapports de la Faculté par le docteur Hawkins, p. 281.

« guiste, chez qui se fournissent la plus grande
« partie des classes manufacturières, déclare
« que des chalands qui appartiennent aux
« autres classes de la société, lui ont acheté
« une grande quantité d'opium, mais qu'il ne
« se rappelle pas un seul cas où il ait vendu
« de l'opium à un ouvrier fileur comme pour
« satisfaire un goût particulier. » [1]

A l'époque des ravages du choléra, à Stockport, on remarqua que les ouvriers des filatures étaient entièrement exempts d'attaques ;
exemption qu'ils devaient à l'air chaud et sec
dont ils sont entourés lorsqu'ils travaillent,
ainsi qu'au bien-être de leurs foyers domestiques. Les personnes attaquées du choléra,
dans cette ville, étaient presque toutes des
femmes employées dans des maisons particulières.

Aucun des ouvriers de MM. Strutt, à Belper,
ne fut attaqué du choléra, tandis que les artisans et les fermiers du voisinage tombèrent
victimes de cette épidémie.

Le dernier rapport officiel de M. Harrisson,
chirurgien inspecteur des manufactures de
Preston et de ses environs, offre la preuve

[1] Commission sur les *factories*. Appendice aux rapports de la Faculté par le docteur Hawkins, p. 292.

la plus évidente et la plus incontestable, peut-être, de l'excellent état de santé des enfans employés dans les factories.

Il s'y trouve 1656 individus au-dessous de dix-huit ans, dont 952 sont employés dans les ateliers de filature, 468 dans les carderies, 128 aux métiers à tisser mécaniques, et 108 au dévidage, et à passer des brochettes dans les cannettes, etc. « J'ai pris les informations les plus minutieuses relativement à la santé de tous les enfans que j'ai examinés, et je trouve que les maladies de chaque enfant, dans le cours d'une année, ne durent pas, terme moyen, plus de quatre jours, du moins que chaque enfant ne perd pas plus de quatre jours par an, terme moyen, par suite de maladie. Ce calcul comprend les maux de tout genre, qui proviennent, pour la plupart, de causes qui n'ont aucun rapport avec les travaux de la filature. J'ai été fort surpris de trouver si peu de maladies attachées au travail des manufactures. Je n'ai eu à soigner qu'un très petit nombre d'enfans blessés par des accidens occasionnés par les mécaniques. D'ailleurs, les précautions que l'on prend aujourd'hui, sur tout dans les nouveaux établissemens, sont portées si loin, que ces accidens, je n'en doute pas, deviendront de plus en plus rares. Sur les seize cent cinquante-six enfans que j'ai examinés, je n'ai pas rencontré un seul cas de difformité qui provînt du travail dans les *factories*. Il faut avouer cependant que les enfans des *factories* n'ont pas cet air robuste et ce teint vermeil qu'on remarque dans ceux qui travaillent en plein air; mais je doute que ceux-ci soient aussi exempts de maladies aiguës que les premiers, qui sont en général moins sujets aux maladies que les enfans que l'on regarde comme ayant une occupation plus salubre. L'âge moyen auquel les enfans de ce district entrent dans les *factories*, est de dix ans et deux mois; et celui de toutes les jeunes personnes des deux sexes prises ensemble, est de quatorze ans. » [1]

Nos législateurs, qui naguère s'apitoyaient sur le sort de leurs semblables, condamnés à respirer l'air infect d'une *factorie*, ne se doutaient guère combien la méthode de ventilation adoptée dans la plupart des ateliers des manufactures de coton, était supérieure à celle qui est en usage pour aérer leurs propres chambres du Parlement. Les ingénieurs de

----

[1] Rapport des inspecteurs de *factories* au ministre de l'intérieur, p. 52 et 53.

Manchester, pour renouveler l'air concentré dans des salles remplies de monde, ne se fient pas, comme ceux de la métropole, aux courans d'air qui se forment naturellement dans l'atmosphère, par la différence de la température à l'intérieur et à l'extérieur des bâtimens. Ils savent que ces courans sont insuffisans pour chasser, avec la rapidité requise, le gaz acide carbonique qui s'échappe de plusieurs centaines de poumons robustes. Voici le moyen adopté dans les *factories.* On extrait l'air corrompu en volume mesurable par des procédés mécaniques les plus simples et les plus infaillibles, spécialement par des *ventilateurs* excentriques, mus avec une rapidité de près de cent pieds par seconde; ce qui assure un renouvellement constant de l'atmosphère dans toutes les parties des salles, quelque vastes et quelque enfermées qu'elles puissent être. L'effet d'un des *ventilateurs* du prix de 4 guinées, de MM. Fairbairn et Lillie, sur une grande *factorie,* est vraiment admirable; non seulement il rafraîchit immédiatement l'air intérieur, mais il rend tout-à-fait impossible l'introduction de mauvaises odeurs du dehors. Dans une tisseranderie, près de Manchester, dont la ventilation était mauvaise, attendu qu'elle dépendait de l'équilibre des courans d'air, comme dans la chambre des Lords, le propriétaire fit monter l'appareil ventilateur. Ses effets se manifestèrent bientôt d'une singulière manière. Les ouvriers, dont l'odorat était peu sensible, au lieu de remercier leur maître des soins humains qu'il prenait de leur santé et de leur bien-être, motivèrent leurs plaintes sur ce que le ventilateur avait augmenté leur appétit, et leur donnait droit, par conséquent, à une augmentation de salaires. La paie hebdomadaire de ceux qui servent les métiers à tisser mécaniques étant presque le double de celle des laboureurs qui travaillent en plein air dans les champs bien aérés des comtés de Kent et de Sussex, ne pouvait subir d'augmentation, vu le taux peu élevé des profits du commerçant. Mais le maître prit un moyen ingénieux pour composer avec ses ouvriers; il arrêta le ventilateur pendant la moitié du jour, et par ce moyen il parvint à réduire à un juste milieu la ventilation et les appétits de son établissement; après quoi il n'entendit plus de plainte sous le rapport de la santé et de l'appétit.

Lorsqu'un tel ventilateur, placé à l'extrémité d'une salle d'environ deux cents pieds de long, est en pleine activité, il pompe l'air intérieur au-dehors avec tant de force, qu'il cause, à l'autre extrémité de la salle, un courant suffisant pour tenir une porte à contre-poids entr'ouverte à une distance de six pouces. Il opère dans les anciens ateliers mal aérés de la manière la plus satisfaisante. Lorsqu'il est adapté dans le grenier à un tuyau horizontal dans lequel les chausses d'aisances verticales se terminent en haut, il produit un courant d'air dans toutes les parties de l'atelier qu'il aére ainsi, en empêchant en outre le mauvais air de refouler dans l'intérieur, quelle que soit la négligence des ouvriers. L'expédient simple et peu coûteux qui consiste à placer à chaque étage des boîtes de fonte à jour, en communication avec le ventilateur, remplacera bientôt, du moins dans toutes les factories, les chausses d'aisances du plombier, qui sont complexes, dispendieuses et facilement dérangées, lorsqu'on les confie à des mains ordinaires.

Ce plan ingénieux et le plus sûr de ventilation, fut d'abord inventé par mon excellent ami M. Henri Houldsworth, de Manchester, et exécuté sous sa direction, par M. Fairbairn, pour la magnifique factorie de M. Thomas Houldsworth, M. P.

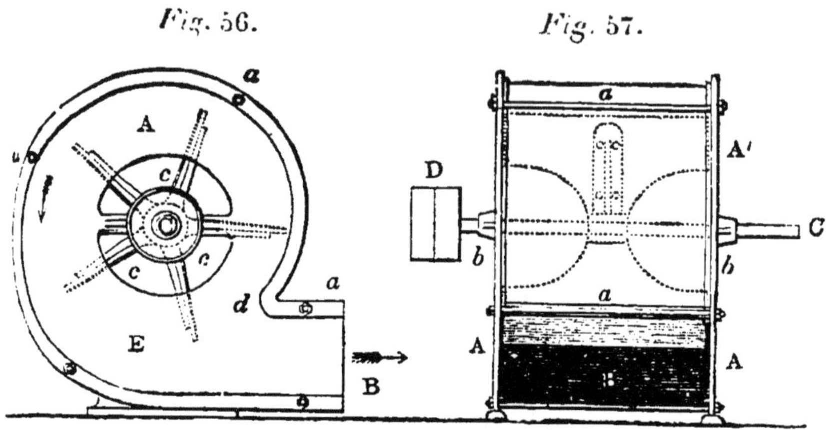

Fig. 56. — Vue latérale du ventilateur.
Fig. 57. — Vue de face, *idem*.

Les *Figures* 56 et 57 représentent une vue latérale et une vue de face du ventilateur simple et économique qu'on a employé depuis quelques années pour ventiler les *factories*, en pompant l'air de toutes les salles; pour enlever par des conduits la poussière qui se dégage, quand on nettoie les matières fibreuses, pour souffler l'air dans les vastes fourneaux des forges, et pour plusieurs autres usages.

Il consiste en deux plaques extérieures de fonte **A A**, ayant au centre une ouverture circulaire *c c c*; à partir de la circonférence de cette ouverture, le contour de chaque plaque augmente en ligne spirale; le point le plus près du centre étant près de *d*, et le plus éloigné se trouvant sous E (*Fig.* 56). Cette paire de plaques parallèles est jointe par des verroux *a a a;* une couverture de tôle étant préalablement insérée dans les rainures des bords des plaques extérieures, de manière à renfermer une cavité avec une issue allongée B, à laquelle est attaché un tuyau pour évacuer l'air pompé dans une direction donnée. Au-dedans de cette cavité il y a un arbre C qui tourne dans des supports *b b,* placés au centre des plaques extérieures A A, et fondus avec elles. Sur cet arbre est une bossette fortement incrustée qui porte cinq arbres plats *c c c,* auxquels sont rivées cinq plaques de la forme représentée entre *a* et *a* dans la Fig. 56; ces plaques ont une échancrure de chaque côté, de la même grandeur environ que l'ouverture extérieure. A l'un des bouts de l'arbre C, en dehors du coussinet sont ajustées la poulie fixe et la poulie libre D, pour recevoir la courroie de chasse, et pour tourner les volans dans la direction de la flèche. C'est ainsi que l'air est chassé devant eux vers l'orifice extérieur B, tandis qu'il entre par les ouvertures latérales *c c c, Fig.* 56. Par la force centrifuge des volans ou des ailes en rotation, l'air est condensé vers leurs extrémités, et se dégage de cette pression en sortant par l'orifice **B**, tandis qu'il est sans cesse pompé en dedans des deux côtés par sa tendance à rétablir son équilibre. Quelques ingénieurs ont construit des ventilateurs dont les manteaux ou couvertures en tôle sont concentriques avec les arbres centraux; et, bien qu'ils opèrent lorsqu'ils tournent avec une rapidité suffisante , ils ne peuvent pas produire une pression par la condensation, attendu que l'air qui sort de l'issue **B**, se compose en partie de l'air comprimé par les extrémités des ailes, et de l'air raréfié qui entre vers leurs racines.

Dans le ventilateur ci-dessus représenté, et qu'on appelle *l'excentrique,* l'air qui s'échappe par l'issue **B**, a subi une forte compression durant son passage dans l'espace spiral formé par les ailes en rotation; et il est alors égal en densité avec celui qui est comprimé à leurs extrémités par la force centrifuge. Ce ventilateur décharge donc beaucoup plus d'air que celui qui a une chambre concentrique avec ses ailes, parce que chaque aile, en passant au point d, fait les fonctions d'une soupape et intercepte le passage de l'air non condensé, qui, par l'inertie de ses particules, causerait

un tourbillon et retarderait le courant nécessaire.

Le ventilateur produit le plus grand effet,
lorsque l'extrémité de ses ailes parcourt dans
sa rotation environ quatre-vingts pieds par
seconde.

Lorsqu'on emploie le ventilateur pour pom-
per l'air d'une série de salles indépendantes,
ses ouvertures latérales circulaires $c, c, c,$
sont recouvertes de capuchons, où aboutissent
des tuyaux qui communiquent avec ces salles.
On peut placer des soupapes à glisser ou à
tourner, dans les tuyaux d'épuisement ou de
condensation, pour régler la distribution de la
force soufflante ou raréfiante.

D'après une comparaison étendue des faits,
je suis porté à conclure que la population rurale de l'Angleterre est moins saine que la population manufacturière.

« L'inflammation aiguë, si fréquente dans
« les districts agricoles, et qui attaque surtout
« les personnes d'une santé robuste et plétho-
« rique, lorsqu'on néglige de l'étouffer par des
« mesures promptes et vigoureuses, se termine
« généralement d'une manière fatale. Les cas
« de cette nature exigent l'attention immédiate
« de la Faculté; ce qui peut rarement se pro-

« curer dans ce pays sans éprouver un retard
« considérable, et qui n'arrive souvent que
« lorsque tout secours est devenu superflu. »
Beaucoup de maladies de la population rurale
sont occasionnées par le froid, l'humidité, les
miasmes des marécages, et une mauvaise nourriture, ce qui fait de leur vie entière un état
de maladie chronique continu. Il n'y a presque
pas un pauvre paysan qui, interrogé sur l'état
de sa santé, ne donne quelques tristes détails
d'indisposition.

Le docteur Kay a décrit la gastralgie, ou
irritabilité morbide de l'estomac, comme très
commune parmi les ouvriers de Manchester
et de son voisinage. Ayant eu l'occasion de
m'informer de la manière de vivre des ouvriers employés aux fabriques de cette ville,
je découvris dans leur régime une cause
suffisante de gastralgie, qui ne permet pas
d'attribuer cette maladie à leurs travaux manufacturiers. Ils consomment une grande quantité de lard, et ce lard est d'une bien médiocre
qualité; en l'examinant avec soin, je le trouvai
fréquemment rance, c'est-à-dire plus ou moins
avancé vers l'état de putréfaction. Ce comesti-
ble peut être digéré impunément par un laboureur du Cheshire qui n'a pas les moyens d'en

acheter une trop grande quantité ; mais il doit infailliblement produire le fer chaud et l'indigestion chez ceux qui exercent des travaux sédentaires.

Après avoir analysé plusieurs échantillons du lard qui se vend dans différentes boutiques de Manchester, je le trouvai beaucoup plus rance que l'est en général le lard qu'on vend dans les boutiques de Londres. Son goût piquant convient à un palais vicié, accoutumé aux impressions mordantes du tabac et du genièvre. L'usage de ces trois stimulans n'est que trop répandu à Manchester, dans cette classe d'ouvriers qui reçoivent les plus hauts salaires ; il est plus que suffisant pour expliquer encore la cause de plusieurs maladies chroniques de l'estomac, du foie, ou de la rate. Si tous ces ouvriers voulaient se conformer à un régime judicieux, composé surtout de substances végétales et d'une légère nourriture animale, comme le font ceux de Belper, de Hyde, de New-Lanark, de Catrine, etc., s'ils s'abstenaient en outre de l'usage du tabac et de l'alcohol, je suis persuadé que la santé des fileurs de Manchester surpasserait celle de toutes les autres classes d'ouvriers dans toute l'étendue du royaume. Leur revenu suffit pour leur procurer toutes les douceurs de la vie ; et leur travail n'est ni malsain ni aussi rigoureux que celui du tisserand à la main ou de celui du laboureur constamment exposé au froid et à l'humidité, et qui ne gagne qu'un tiers du salaire de ces ouvriers. La maladie dominante parmi ceux qui sont les mieux payés, c'est l'hypochondrie, maladie qui résulte de l'abus des plaisirs charnels. Les médicamens ne sauraient que l'aggraver, et elle ne peut trouver de guérison que dans le régime moral. Rien ne paraît plus frappant, aux yeux d'un étranger, à Manchester, que la foule des charlatans en médecine. On en voit au nombre d'une douzaine réunis dans une des rues principales, tous munis de pilules drastiques et de spécifiques pour duper les crédules fileurs. Il y a encore une autre particularité qu'on ne trouve qu'à Manchester. Les plus respectables boulangers, sans compter des regrattiers, étalent, d'un côté de leur boutique, du fromage et quelquefois du lard, à tous les degrés de décomposition ; et l'odeur forte qui s'en exhale ne manque jamais de se communiquer au pain exposé à son influence. Il faut avouer que l'odeur des boutiques de boulangers, à Londres, à Edimbourg et à Glasgow, est beaucoup plus agréable. Ayant été reçu en ma qualité d'étranger, avec la plus cordiale hospitalité, je n'ai point l'intention de faire à ce sujet aucune observation malveillante; je n'ai cité ce fait que pour confirmer mon assertion relativement à l'insalubrité du régime des ouvriers de Manchester. Les mets qui couvrent les tables des classes moyennes et élevées ne le cèdent en rien à ceux des mêmes classes dans aucune capitale de l'Europe.

L'auteur d'une enquête sur l'état de la population manufacturière leur prescrit pour régime *une quantité suffisante de nourriture animale, de pain de froment et de bière, et le moins possible d'autres liquides.* Il dit qu'on peut y ajouter *de temps en temps, mais rarement, un peu de lard ou d'autre viande.* Mais comme ils peuvent acheter leur morceau de lard favori à raison de quatre ou cinq pence la livre, ils ne sont pas obligés de s'en tenir à une si petite quantité, et ils ne s'y tiennent pas non plus; car ils se régalent habituellement d'une bonne tranche, ce qui leur cause une soif qu'il leur faut, aussitôt leur travail fini, étancher avec du thé mêlé de quelque liqueur spiritueuse pour leur faire digérer leur dîner. Je partage l'opinion de l'auteur ci-dessus mentionné, lorsqu'il condamne l'usage du thé, tel que le prennent les ouvriers des fabriques; mais je ne suis pas d'accord avec lui pour recommander, au lieu de thé, le lait de Manchester; car le liquide auquel on donne ce nom ne le mérite pas. Celui que les laitiers y portent de maisons en maisons y est en général inférieur à celui de Londres. Les riches fabricans de Manchester ne pourraient, selon moi, rien faire de plus avantageux pour leurs ouvriers que d'établir une grande laiterie sous la direction d'une de leurs sociétés de bienfaisance. Il n'y a pas de doute qu'une telle entreprise ne réussît et ne fût un grand bienfait pour la population. Si les ouvriers des manufactures faisaient leur pot au feu comme les Français, ils pourraient, avec leurs salaires, vivre parfaitement à leur aise. Je connais deux jeunes gens de Manchester, très habiles et justement estimés, qui, cherchant à connaître leur état dans un grand établissement de Londres, ont adopté le même régime pendant plusieurs années. Au moyen d'une très petite quantité de viande, ils savaient donner une saveur agréable à une grande quantité de légumes nourrissans et farineux. La faible lumière d'une lampe fournissait une chaleur suffisante pour cuire ces différens alimens dans une casserole de fer-blanc, et pour les tenir chauds jusqu'à l'heure du dîner. Ils s'assurèrent qu'ils pouvaient, de cette manière, se nourrir à raison de 2 sch. 6 d. par semaine. La cuisine la plus délicieuse et la plus saine est celle qui se fait à petit feu. On peut apprêter un excellent dîner français avec un dixième du combustible que consomme un cuisinier anglais pour rôtir quelques bifstecks ou côtelettes de mouton.

L'auteur déjà cité compare l'ouvrage des fileurs en fin et en gros, dans une manufacture de coton, à celui des moissonneurs. Je me suis un peu exercé à ces deux genres d'occupation, et je puis déclarer, en connaissance de cause, que la comparaison est vicieuse. En balançant sa lourde faux, le moissonneur est obligé d'exercer violemment tous les muscles des bras, des jambes et du corps; par conséquent il épuise bientôt ses forces. Mais le fileur n'a qu'à faire une suite d'efforts modérés, à des intervalles de plus d'une minute et demie, lorsqu'il chasse doucement le chariot du mull-jenny sur son chemin en fer à roues de frottement, après quoi il peut se reposer pendant au moins les trois quarts du temps que la ma-

chine est en mouvement. Il compare la position des cardeurs, des lamineurs, des rattacheurs et des tisserands, lorsqu'ils sont tranquilles ou en mouvement, à la marche pénible
de vingt-quatre heures à laquelle les sorcières
étaient autrefois condamnées. Je ne ferai
qu'une seule remarque sur cette comparaison
absurde : c'est que la nécessité où sont les ouvriers des fabriques de marcher ou de rester
debout, semble plutôt convenir aux sœurs
filandières du Lancashire, qui ourdissent la
trame de la victoire remportée sur les rivaux
de leur patrie.

M. Kempton, manufacturier respectable de
la Nouvelle-Angleterre, assura à notre bureau
central qu'aux États-Unis le travail pendant
douze ou quatorze heures ne nuit ni à la santé
ni à la croissance des enfans de dix ans et plus,
parce qu'ils sont bien nourris. La table leur
est payée sur leurs gages par les propriétaires.
Dans ce pays-ci, cette coutume excellente serait rejetée par les parens indigens, dont la
subsistance ne dépend trop souvent que du
salaire de leurs enfans. Dans les districts manufacturiers de l'Amérique, il y a plus de quatre
mille enfans au-dessous de l'âge de douze ans.
Les témoignages recueillis par nos commis-

saires infatigables prouvent qu'en suivant un
régime auquel leurs gages pourraient suffire,
les jeunes ouvriers de nos manufactures joui-
raient des mêmes avantages que les Américains. Quant à l'assertion de ceux qui prétendent que les ouvriers qui entrent de bonne
heure dans les fabriques altèrent par-là leur
santé, elle est démentie par le passage suivant : « Je suis convaincu par ma propre ex-
« périence que les jeunes ouvriers, et encore
« plus les femmes, qui ont commencé à travail-
« ler aux fabriques dès l'âge de dix ou douze ans.
« outre qu'ils deviennent plus habiles, jouis-
« sent d'une meilleure santé, et ont plus de
« force dans les jambes à vingt-cinq ans que
« ceux qui ont commencé à l'âge de treize à
« seize ans, ou au-delà. » [1]

« Aux fabriques de Blantyre, dit le même
excellent observateur, tous les fileurs sont
mâles. J'ai visité, sans faire aucun choix, la
demeure de neuf ouvriers de cette classe; je
les ai trouvés tous mariés; toutes les femmes
avaient été ouvrières, et quelques unes avaient
commencé à travailler à l'âge de six ans et
demi. Le nombre total des enfans que ces

[1] Sir David Barry, M. D., *Second factory commission report*. p. 4.

neuf couples avaient eus se montait à cinquante et un ; il ne leur en restait plus que
quarante-six. On emploie ces enfans dans les
fabriques dès qu'ils sont en état de travailler,
et qu'il se trouve des places vacantes. Ils demeurent tous dans des chambres que leur
louent les fabricans, et ils sont bien logés. Je
les ai vus à leur déjeûner, qui se compose de
soupe et de lait pour les enfans, de café,
d'œufs, de pain, de gâteaux d'avoine et de
beurre pour le père et la mère. J'ai là, devant
moi, les notes que j'ai prises sur les lieux ;
j'en extrairai seulement le passage suivant :

« Aux fabriques de New-Lanark, on prend
un soin extraordinaire de l'éducation des enfans d'ouvriers qui sont destinés à être employés dans les fabriques. On leur enseigne à
lire et à écrire, les élémens de la géographie,
de la musique, de la danse, de l'histoire naturelle, etc., dans de vastes et belles salles. J'ai
été témoin des progrès considérables qu'ils
avaient faits dans quelques unes de ces connaissances, et je vis huit jeunes personnes de
dix à treize ans danser parfaitement un qua-
drille sous la direction de leur maître à danser. Ces enfans ambitionnent de l'emploi dans
les fabriques comme la récompense de leur

application à l'étude. Il est certain que M. Wal-ker, associé gérant, demeurant sur les lieux, témoigne le plus grand intérêt à ses ouvriers, dont il est chéri. Environ trois cents des élèves les plus avancés paient 4 d. par mois pour subvenir aux frais de leur éducation, et cent cinquante des plus jeunes, de trois à onze ans, ne paient rien. Tous les ouvriers de cette filature sont des femmes, à l'exception de neuf, qui sont de vieux et fidèles domes-tiques. Sept de ces derniers sont mariés à des ouvrières employées dans des fabriques; ils en ont eu trente-cinq enfans, dont vingt-six sont vivans. Un des fileurs en a épousé une qui depuis trente-deux ans travaille dans cette filature, et qui cependant n'en a encore que trente-neuf. Elle jouit d'une excellente santé.»[1]

Le rapport de sir David Barry, sur la crois-sance et le développement naturel des femmes attachées aux manufactures, est très précieux en ce qu'il offre le résultat de ses observations personnelles. « La plupart des filles qui avaient passé toute leur jeunesse dans la fabrique, c'est-à-dire depuis l'âge de dix ans jusqu'à l'âge de maturité, étaient faites à ravir. Je re-

[1] Sir David Barry, M. D., *Second factory commission report*, p. 53, A. 3.

marquai cinq sœurs, dont la plus jeune avait treize ans, et que l'on pouvait toutes qualifier de belles. Plusieurs étaient remarquables pour leur force et leurs belles proportions. Aujourd'hui j'ai examiné avec soin et individuellement cent onze de ces fileuses, dans l'intention de reconnaître un seul cas où la plante du pied se fût affaissée par leur station continuelle, ce qui, d'après le rapport du comité de M. Sadler, récemment imprimé, arrive souvent, dit-il, aux ouvriers des fabriques. Je trouvai que les pieds de la plupart de celles qui avaient travaillé le plus long-temps étaient d'une très belle forme. Aucune d'elles n'avait éprouvé le moindre dérangement dans la plante du pied. Rien que l'évidence de mes propres sens n'eût pu me persuader que des filles, que des humains mis à l'ouvrage dès l'âge de neuf ans, pussent jouir dans leur maturité d'une santé aussi vigoureuse, et de proportions aussi agréables. Il est impossible de donner une juste idée de la promptitude et de l'adresse avec laquelle deux filles d'environ treize ans rattachaient les fils rompus, changeaient les cannettes, vissaient et dévissaient les ailettes, etc. On ne saurait remplacer de tels ouvriers s'ils venaient à manquer, et dans les circonstances actuelles, il serait extrêmement difficile d'en trouver un nombre égal qui fussent aussi habiles. Ils ne restent pas constamment dans la même attitude, et ne sont pas toujours immobiles; tous les muscles sont successivement en jeu.

« Les ouvrières les plus remarquables, dans la magnifique imprimerie en calicot de M. H. Monteith, à Barrowfield, près de Glasgow, sont vingt adultes qu'on appelle *sécheuses*. Elles suspendent, dans les séchoirs, les tissus préparés; elles gagnent 7 sch. 6 d. par semaine. Je suis entré dans le séchoir, où je les ai vu travailler; le thermomètre que je tenais à la main marquait 140° de Fahrenheit (48° de Réaumur). L'inspecteur m'assura que la température est quelquefois plus élevée; à mesure que le tissu sèche, elle diminue de quelques degrés. Ces ouvrières passent continuellement, au grand air, d'un séchoir à l'autre; mais elles ne restent dans chacun que quelques minutes. M. Rodger, l'habile directeur des travaux, m'a appris qu'il ne manque jamais de postulans pour cette partie; mais on donne ordinairement la préférence aux filles d'une taille élevée et svelte. Le propriétaire leur fournit à chacune des chemises de flanelle qu'elles portent constamment. Il y en a qui sont très belles femmes; elles paraissent toutes jouir d'une parfaite santé; elles travaillent nu-pieds, et ont souvent le temps de s'asseoir. M. Rodger prétend qu'elles se portent aussi bien que les autres ouvrières employées dans la fabrique; et que, lorsqu'il y en a qui s'enrhument, elles n'ont qu'à entrer dans le séchoir pour se guérir »[1]. On pense qu'une température si élevée, et le sèchement rapide des étoffes rouges de Turquie, pour la beauté desquelles l'établissement de M. Monteith est si justement célèbre, les perfectionnent, ou du moins en fixent la couleur.

On voit à Anderston, près de Glasgow, un long bâtiment érigé, il y a quelques années, par M. H. Houldsworth, pour servir de demeure aux ouvriers employés dans ses immenses fabriques de coton. Un corridor règne sur toute la longueur de l'édifice; d'un côté se trouvent les portes des chambres des ouvriers, au nombre de cinq cents, qui sont si peu soigneux sous le rapport de la propreté et de la ventilation, malgré toutes les remontrances

[1] James Stuart, esq., A. 3, p. 39, *Supplement report of factory commissioners*. Je puis joindre mon témoignage au sien, ayant souvent vu l'opération du séchage

du propriétaire, qu'ils ont souvent été attaqués
du typhus sous sa forme la plus maligne.
Enfin la science a fourni le moyen d'effectuer
une réforme que la raison et l'influence de
l'autorité avaient inutilement essayé d'introduire. Le propriétaire a fait passer le long du
plafond du corridor un gros tuyau de fer,
fermé du côté de la porte, et qui, ouvert à
l'autre extrémité, communique, par une soupape, avec la grande cheminée de la fabrique.
De ce tuyau horizontal, vis-à-vis de chaque
appartement, sort, à angle droit, un autre
tuyau de fer-blanc, d'un pouce et demi de
diamètre ; ce dernier tuyau traverse le mur
de manière à aboutir au-dessus du bois de lit
de chaque chambre. Chaque fois qu'on arrête
la machine à vapeur, aux heures des repas,
ou pendant la nuit, le mécanisme qui forme
la plaque régulatrice du feu est construit de
manière à ouvrir en même temps la soupape
qui se trouve à l'extrémité intérieure du
tuyau du corridor ; ce qui donne un libre courant d'air dans chaque tuyau de fer-blanc, qui
sert ainsi de ventilateur à toutes les chambres.
Depuis l'introduction de ce système effectif de
ventilation automatique, non seulement les
chambres de la fabrique ont été exemptes de

toute apparence de fièvre maligne, mais elles sont réellement devenues une demeure des plus saines.

Le docteur Hunter, célèbre médecin de Leeds, dans son rapport à la commission des manufactures, s'exprime en ces termes : « La population adulte des districts manufacturiers du Yorkshire me paraît une classe d'hommes forts, robustes et sains. J'ai fait cette observation il y a plusieurs années. Si l'on compare mille individus natifs de Leeds, employés dans la draperie, avec un nombre égal, pris sans distinction, parmi les habitans de l'une des villes provinciales des environs, Otley, par exemple, ou Ripon, Wetherby, Tadcaster, ou même York, je suis persuadé qu'on trouvera ceux de Leeds plus charnus, plus nerveux, plus corpulens et d'une poitrine plus arrondie que les autres; et que, lorsqu'ils sont de mœurs régulières et tempérées, ils vivent aussi long-temps que qui que ce soit. J'ai souvent fait cette comparaison en moi-même, lorsque je visitai ces villes, et j'admets qu'elle s'étend aux femmes et aux enfans. La raison en est claire : les habitans de Leeds sont mieux nourris. Je pourrais citer, d'après les registres des hôpitaux, des exemples de vieillards de soixante-six à quatre-vingt-deux ans, qui ont été toute leur vie ouvriers en drap. Je n'ai pas sujet de croire que les ouvriers employés dans les manufactures de lin leur sont de beaucoup inférieurs, lorsqu'ils reçoivent de bons salaires. Le teint pâle des habitans des villes et de ceux qui travaillent sous un toit, provient d'une cause naturelle, et n'est, par conséquent, pas incompatible avec une bonne santé. J'ai souvent été étonné de voir des argumens basés sur de telles apparences, tandis qu'un instant de réflexion suffit pour en rendre raison. La pâleur naturelle et la pâleur provenant d'une santé altérée sont aisément distinguées par un médecin de ville. Pour la même raison, je ne fais aucun cas de l'opinion de ceux qui prétendent que, dans les écoles et ailleurs, on peut aisément distinguer des autres enfans ceux qui sont employés aux fabriques. Qu'on habille un certain nombre de ces derniers uniformément avec les enfans de la même classe, parmi les habitans de la ville, et l'œil le plus exercé ne saura les distinguer des autres, soit par leur démarche ou par leur apparence. Cette erreur vient de ce qu'on voit ces enfans aller et venir, en habits de travail, dans le voisinage des fabriques.

« Il ne me paraît pas que la population manufacturière de cette ville soit plus immorale que la classe ouvrière qui n'est pas employée aux fabriques. J'ai toujours vu les hommes et les femmes qui la composent aussi modestes dans leur conduite que toute autre classe d'ouvriers. » [1]

M. Wildsmith, chirurgien municipal de la ville de Leeds, déclare que la durée actuelle du travail n'est pas nuisible, même aux enfans, sous le rapport de la santé. La preuve qu'on ne regarde pas le travail des fabriques comme malsain, c'est que les étaleuses, ou ceux qui travaillent dans des chambres chauffées à la température de 150° Fahrenheit (52° $\frac{1}{2}$ Réaumur), les fouleurs, les empéseurs, qui travaillent toujours dans l'eau, sont admis dans les sociétés de bienfaisance aux mêmes conditions que les autres ouvriers. [2]

Les relevés statistiques de M. Thorpe, de Leeds, prouvent que la mortalité de cette ville a diminué depuis 1801, époque à laquelle il n'y avait presque pas encore de manufactures

[1] *Second report factory commission*, C. 3, p. 17.
[2] *Ibid.* A. 3, p. 53.

établies dans cette ville. La population de la ville et de sa banlieue était, en 1801, de 30,669 habitans, et les enterremens des trois années précédentes s'étant élevés à 2,882, ou à 941 annuellement, l'état de la mortalité est à la population entière dans la proportion de 1 à 32 ½. En 1831, la population était de 71,602, et les enterremens des trois années précédentes s'élevèrent à 5,153, ou à 1,718 annuellement, ce qui donne une mortalité dans la proportion de 1 à 41 ½. Ainsi, depuis qu'on a commencé à jouir des avantages dus à des salaires élevés dans nos fabriques, la mortalité a diminué dans la proportion de 32 ½ à 41 ½, c'est-à-dire qu'aujourd'hui il ne meurt que 3 personnes, tandis qu'il en mourait 4 pendant l'âge d'or des travaux précaires de l'agriculture ou des occupations domestiques. Les ennemis du système automatique, qui cherchent à démontrer, par des tableaux statistiques erronés, l'état de dégénération et de débilité du peuple anglais, ne devraient pas oublier combien est petite la partie de la population actuellement employée dans les fabriques, même dans les villes que l'on a désignées comme offrant une preuve des funestes résultats de notre système manufacturier. Le tableau suivant est un relevé précis, obtenu par le ministère des chefs des différens districts qui composent la ville de Leeds ; il offre le nombre exact des ouvriers employés à la fabrication et à l'achèvement du fil de laine et du drap, de l'estame, du lin, de la soie et du coton.

Manufactures.	Hommes.	Femmes.	Total.
Laine................	4,064	1,226	5,290
Estame............	306	396	702
Lin................	889	1,545	2,434
Coton............	17	63	80
Soie..............	42	116	158
Total....	5,318	3,346	8,664

Ces états appartiennent en totalité à la statistique de Leeds. Les deux plus grandes filatures de lin, celle de MM. Marshall et Cie, et celle de M. Benyon et Cie, sont situées à Holbek. Pour les ouvriers qui y sont employés, on peut ajouter deux mille au chiffre précédent. Le total de la population des deux villes se montait, en 1831, à 82,812 habitans. La manufacture de laine, d'après le plan adopté à

Leeds, est généralement reconnue pour être très saine. M. Thackrah, de la même ville, dans son *Traité des effets des divers métiers sur la durée de la vie*, affirme que les rattacheuses aux cardes sont en général les enfans les plus robustes de ce lieu. M. Sadler et ses partisans n'imputent de l'insalubrité qu'aux fabriques du lin, de l'estame, du coton et de la soie : et il paraît qu'il n'y a pas plus de 5,374 personnes, dont un quart ont moins de vingt-cinq ans, employées dans toutes ces manufactures. Ainsi il n'y a qu'environ 4,000 individus, ou moins d'un vingtième de la population au-dessous de cet âge, qui travaillent aux manufactures. On a donc trompé la crédulité publique en proclamant que la mortalité de *toute* une population de 83,000 personnes s'est accrue dans la proportion effroyable d'*un vingtième*. En supposant même que la totalité de ces 5,374 personnes soit au-dessous de vingt ans, et toutes employées aux opérations les plus pernicieuses à la santé, cette proposition serait encore de toute absurdité. D'ailleurs, les femmes qui travaillent à la laine, occupation très saine, ne forment que $\frac{4}{14}$ des ouvriers, tandis que dans la filature de lin, le nombre des femmes est dans la proportion de $\frac{28}{14}$. Toutefois, les probabilités de la durée de leur vie, suivant les relevés statistiques de Leeds, comparés avec les tableaux de M. Rickman, pour toute l'Angleterre, semblent l'emporter sur celles de la vie des hommes, dans une proportion qui surpasse la différence moyenne des deux nombres. [1]

Un exposé des plus précieux sur l'état général des maladies chez les classes indigentes, c'est celui que contient le *Report on Life Annuities*, par M. Finlaison, imprimé en 1829. Il ne descend pas au-dessous de vingt ans, et cependant il prouve que le terme moyen de la durée des maladies, parmi les classes ouvrières de Londres, est de sept jours par an, entre les âges de vingt à trente-cinq ans; c'est-à-dire, probablement, des maladies assez graves pour donner droit au malade de se faire soutenir par une société de bienfaisance. D'après les relevés statistiques des filatures de coton, il paraît que cette proportion surpasse de beaucoup la durée des maladies qui s'y sont observées, même en y comprenant la santé débile de l'enfance. Sur trois cent soixante-seize personnes employées dans les

---

[1] *Voyez* les excellentes observations de M. Drinkwater dans son *First factory commission report.*

filatures de coton de MM. Greenwood et Wi-
thaker, la moyenne du temps perdu par les
maladies n'est que *d'un tiers de jour par an.*

M. Hutton, qui pratique la chirurgie à
Staylay-Bridge depuis plus de trente et un
ans, ayant eu l'occasion d'observer les progrès
et les effets du système automatique, déclare
que la santé de la population s'est beaucoup
améliorée depuis son introduction, et que
l'état des ouvriers est infiniment supérieur à
ce qu'il était autrefois, sous le rapport du
bien-être. Il ajoute que les fièvres sont devenues moins communes depuis l'établissement
des fabriques, et que les ouvriers qui y sont
employés ont été moins souvent attaqués de
l'*influenza* en 1833, que toutes les autres
classes d'ouvriers. M. Bott, chirurgien, qui
soigne les ouvriers des fabriques de MM. Lich-
field pour 1 *halfpenny* (1 sou) par semaine,
à titre d'honoraires (somme qui prouve assez
clairement le peu de chance qu'ils ont d'être
malades), déclare que les ouvriers des fabriques sont moins sujets que d'autres à souffrir
des épidémies; que, quoiqu'il ait eu à soigner
plusieurs cas de typhus dans le district voisin,
presque tous les ouvriers des fabriques y ont
échappé, et que pas un n'a été attaqué du

choléra pendant les ravages qu'il fit dans le voisinage. [1]

Il est très vrai que les habitans de Manchester ont le teint pâle; mais cette circonstance ne peut être attribuée au travail des fabriques, pour deux raisons : d'abord, parce que ceux qui ne travaillent pas aux fabriques sont aussi pâles et ont l'air aussi maladifs que ceux qui y travaillent, et que les relevés de la Société de santé prouvent que l'état physique des derniers n'est pas inférieur à celui des premiers; en second lieu, parce que la santé de ceux qui sont employés dans nos fabriques de province, et qui travaillent en général plus long-temps que les ouvriers des villes, n'est pas altérée même en apparence. On peut voir dans l'établissement de M. Ashton, à Hyde, mainte physionomie fleurie et joyeuse parmi des ouvriers qui travaillent douze heures et demie par jour; ce qui fait une demi-heure de plus que dans toute autre fabrique de Manchester. Les apprenties de la fabrique de M. Greg, à Quarry-Bank, près de Wilmslow, ont aussi très bon visage.

M. Wolstenholme, chirurgien de Bolton,

[1] *Second factory commission report*, p. 56.

dit que la santé des ouvriers des fabriques est bien meilleure que ne paraît l'indiquer leur pâleur à ceux qui ne les connaissent pas intimement. Dans l'école du dimanche de Bennet-Street, on fit une comparaison entre les enfans qui travaillaient dans les fabriques et ceux qui n'y travaillaient pas, en les séparant dans la classe; et en examinant ainsi plus de mille enfans, aucun des membres de la commission des fabriques ne put découvrir la plus légère différence dans leur extérieur.

On a beaucoup parlé de la température des salles où les enfans travaillent; on a surtout fait un sujet de plainte contre les filatures en fin. Le fait est qu'à Manchester, lorsque la température du dehors est douce, on n'emploie pas de chaleur artificielle dans l'intérieur des filatures en fin, qui ne requièrent jamais une chaleur de plus de 75° Fahrenheit (19° Réaumur), comme il est prouvé par les dépositions de plusieurs témoins respectables assermentés. C'est une erreur de supposer qu'une température modérée peut nuire à la santé, si l'on a soin de faire circuler l'air : c'est l'air impur, et non l'air chaud, qui est pernicieux. Les sécheurs dans les blanchisseries et dans les imprimeries, étendent leurs tissus à une température bien au-dessus de 100° Fahrenheit (28° $\frac{1}{2}$ Réaumur), et ne paraissent en souffrir aucune incommodité, quoiqu'en sortant des séchoirs ils s'exposent souvent au grand air. MM. Binyon et Nield rapportent (p. 45, *second Report*) qu'ayant pris des renseignemens sur certains enfans qui avaient été employés pendant quatre ans dans le séchoir d'une imprimerie de calicot, chauffé à 112° Fahrenheit (36° $\frac{1}{4}$ Réaumur), ils trouvèrent que la maladie ne les avait jamais obligés de quitter leur ouvrage.

Il est de toute impossibilité, vu la nature du mécanisme, qu'il puisse y avoir une grande quantité d'ouvriers dans les ateliers d'une filature de coton. Il faut que les mull-jenny, pour avancer et reculer, aient cinq ou six fois autant d'espace qu'en exige le volume de la mécanique. Or, les neuf dixièmes des enfans employés dans les fabriques servent ces mull-jenny, qui laissent des espaces ouverts. Quiconque a une fois visité une filature de coton doit reconnaître l'impossibilité d'encombrer de monde les ateliers où se trouvent les mull-jenny. Les autres salles ne le sont pas non plus, par la simple raison que le fabricant n'en retirerait aucun avantage. « Ce serait, dit

M. Tufnell, une noire calomnie d'avancer qu'aucune partie d'une filature de coton est, à un dixième près, aussi encombrée que la Chambre des Communes, lorsqu'elle est passablement remplie de membres, ou que l'air y est, à beaucoup près, aussi impur.

Le seul travail des filatures de coton qui paraisse de nature à causer de la difformité, c'est le filage au métier continu, auquel cependant on n'emploie jamais de jeunes enfans, mais seulement des adolescens de seize ans et au-dessus. Ce qui peut faire du mal à ceux qui sont négligens, c'est d'arrêter la broche, opération qui se fait souvent, en se tenant ferme sur une jambe, et de l'autre sur la pointe du pied, de manière que le genou se trouve en contact avec la broche, et l'arrête par le frottement. Il peut y avoir de la difficulté à concevoir comment cette attitude peut occasionner de la difformité ; car il s'en faut bien qu'elle soit contrainte ; on la prend souvent sans s'en douter. Mais ce qui rend cette position nuisible, c'est que l'opération est répétée toutes les fois qu'un fil se rompt. La faute peut être ici attribuée à l'ouvrier s'il contracte des difformités, car il peut arrêter la broche aussi facilement avec la main qu'avec le genou, ou bien il peut se servir de ses deux genoux alternativement; les ouvriers prudens ont toujours recours à ce moyen pour se mettre à l'abri de tout inconvénient. Quelque simples et quelque bien connus que soient ces procédés, il est difficile d'engager les ouvriers à les mettre en usage, vu la force de l'habitude et leur négligence. Ainsi, il fut impossible de persuader aux rémouleurs et aux finisseurs d'aiguilles de Sheffield, d'employer l'embouchure magnétique pour les empêcher d'aspirer les particules d'acier; quoique la pulmonie et une mort prématurée soient la conséquence infaillible de leur refus. Ce qu'il y a de certain, c'est que, quelles que soient les difformités causées par le filage au métier continu, un bill relatif aux manufactures ne remédiera jamais au mal, à moins qu'il n'oblige tous les ouvriers d'arrêter toujours leurs broches avec les mains au lieu des genoux, ou avec les deux genoux alternativement. Toutes les personnes difformes qui comparurent devant la commission des manufactures étaient des adultes; on ne trouva pas un seul cas de difformité parmi les enfans. La raison en est qu'autrefois l'usage était de travailler beaucoup plus long-temps qu'à présent, ce qui fait qu'on rencontre bien des gens qui souffrirent alors d'un trop long travail, ainsi que de leur propre négligence. Mais la plus forte raison, c'est qu'on ne se sert plus de l'ancien métier à filer, qui était si bas, plusieurs années encore après qu'il eut été inventé par Arkwright, que plusieurs milliers d'ouvriers devinrent difformes en y travaillant, avant l'introduction du métier continu perfectionné, nommé le *throsile*.

Dans la plupart des fabriques, les parties dangereuses du mécanisme sont si bien renfermées, qu'il est presque impossible qu'il arrive aucun accident; et quand il en arrive, ce qui est très rare, c'est en général la faute de l'ouvrier; les accidens funestes ne sont pas si communs, à un vingtième près, que dans les mines de charbon. Sur onze cents personnes employées dans les fabriques de M. Ashton, il n'est arrivé qu'un seul accident funeste dans un espace de quinze ans; encore arriva-t-il par la faute d'un homme qui entra dans une chambre où il n'avait pas affaire. Il avait pris une échelle, on ne sait pourquoi, et il monta jusqu'en haut de la chambre, où il fut accroché par un arbre horizontal, et tué sur-le-champ.

On peut lire avec fruit les recherches admirables de MM. Cowell, Tufnell et Drinkwater, sur le sujet traité dans ce chapitre. Ils déploient une parfaite connaissance de la méthode d'induction dans les recherches, et ils relèvent toutes les erreurs populaires. Voyez le *First and second Factory Commission Reports and Supplement*. J'y ai puisé, comme à une source abondante, des renseignemens authentiques.

CHAPITRE III.

État de l'Instruction et de la Religion dans les Manufactures.

En considérant, dans les deux derniers chapitres, nos fabriques sous le rapport du bien-être et de la santé des ouvriers, nous avons nécessairement été obligé d'anticiper sur certains développemens qui appartiennent, à proprement parler, au sujet de ce chapitre, attendu que, pour le bien-être physique de l'homme, il faut qu'un esprit sain agisse sur un corps sain.

Le plus grand reproche que l'on puisse faire à ce royaume protestant, c'est le manque d'éducation parmi les basses classes, et la mauvaise éducation des classes supérieures. C'est de la première cause que naissent les incendies et les désordres qui affligent les districts agricoles; et si l'on n'y remédie, ils donneront bientôt lieu à des insurrections désastreuses dans les autres provinces. La seconde cause a produit de nombreuses erreurs en politique et en législation, qui auraient écrasé toute autre nation douée de moins d'énergie que les classes moyennes de la Grande-Bretagne. On peut permettre aux grands, comme aux enfans gâtés de l'État, de s'amuser de leurs jouets héraldiques, tels que cordons et décorations, pour distinguer leur caste privilégiée, et de passer toute leur jeunesse à scander des vers grecs ou latins, pourvu qu'ils ne s'imaginent pas, malgré leur ignorance des principes des sciences, des arts et du commerce, être en état d'analyser et de régler à leur gré la politique des empires.

Lorsque les rapports sur la loi des pauvres eurent mis en évidence les horribles résultats du défaut d'éducation dans les districts agricoles de l'Angleterre, les législateurs féodaux eurent l'effronterie d'accuser les manufacturiers d'être les principaux auteurs de la corruption nationale, et de vouloir les rendre responsables, sous des peines sévères, de l'éducation des jeunes ouvriers qu'ils emploient. Dans quelle confusion une telle loi ne nous plongerait-elle pas, si l'on y assujettissait la population dépendante des membres agricoles des deux Chambres! Pourquoi ne requiert-on pas d'une manière aussi péremptoire, de l'aristocratie foncière et ecclésiastique, d'éclairer ses domaines, plongés dans les ténèbres? Si, dans leurs paroisses respectives, les aristocrates eussent pourvu, comme ils le devaient en qualité de chrétiens, à l'éducation de la jeunesse indigente, les enfans de dix ans, qu'on ne pouvait utiliser dans l'agriculture, auraient été reçus et maintenus dans les fabriques, et ils auraient en outre profité de l'instruction salutaire qu'on dispense dans les excellentes écoles du dimanche et du soir, qui en dépendent. Le vingt-et-unième article du bill pour le réglement des manufactures est un acte de despotisme envers le commerce, et d'une philanthropie dérisoire envers les ouvriers, qui ne subsistent que par le commerce. Cet article requiert que tout enfant de l'âge de douze ans, employé aux fabriques, montre tous les lundis matin un certificat qui atteste qu'il a été à l'école au moins pendant deux heures chacun des six jours de la semaine précédente, sous peine d'être renvoyé de la fabrique où il gagne sa subsistance. Les vrais amis des pauvres ont fait de graves remontrances contre cette loi absurde. En effet, dans le voisinage des fabriques, il y a peu d'écoles ouvertes à des heures convenables pour ces enfans industrieux, c'est-à-dire de bonne heure le matin, et tard le soir. Pour que la loi fût exécutable, il faudrait qu'une ou plusieurs fabriques eussent des écoles placées dans leur entière dépendance. Les articles relatifs aux écoles prouvent d'une manière ingénieuse la perspicacité de la législature; car ils tendent à un but diamétralement opposé à celui qu'ils veulent atteindre. Au lieu de protéger et d'améliorer la condition des enfans, ces prétendues victimes de l'avarice du chef de fabrique, cette loi les a privés de leurs moyens de subsistance, et les a fait chasser de leurs places pour aller sympathiser avec la misérable progéniture du laboureur.

Le chef de fabrique, après avoir éprouvé que cette loi sur les manufactures renfermait, comme toutes les lois précédentes, un principe de déception et de parjure parmi les jeunes ouvriers et leurs tuteurs, et qu'elle n'était pour lui qu'un piége, n'a eu d'autre alternative que de congédier tous les enfans au-dessous de douze ans qu'il employait alors dans ses ateliers, mesure qui répandit au loin la misère et les privations. Les enfans, ainsi privés d'un travail léger et profitable, au lieu de recevoir l'éducation que leur promettait le parlement, n'en reçoivent aucune. Ils sont chassés des ateliers chauds et confortables des filatures, et retombent dans une société au cœur de marbre, où, plongés dans le vice et la paresse, ils existent par la mendicité ou les rapines, triste contraste avec leur vie heureuse de la fabrique, où ils profitaient de ses soins et de l'école du dimanche.

A dater du 1er mars 1836, tous les enfans, même jusqu'à l'âge de treize ans, courront risque d'être congédiés des fabriques par suite de l'ordonnance qui, sous le masque de la philanthropie, aggrave encore davantage les souffrances des indigens, et embarrassera extrêmement dans son travail, s'il ne l'arrête tout-à-fait, le manufacturier consciencieux. Cette loi sera sans doute éludée de plusieurs manières par les artisans indignés, dont elle tend à faire mourir de faim les familles, et elle n'aura d'efficacité que pour le mal, en démoralisant cette classe intéressante. Le propriétaire d'une grande fabrique de Manchester m'apprit, il n'y a pas long-temps, que le 1er mars de cette année, après avoir congédié trente-cinq enfans qui n'avaient pas l'âge requis, il fut surpris de voir que, huit ou quinze jours après, ils avaient tous repris leurs travaux sous la sanction des certificats légaux, délivrés par les chirurgiens, certificats que l'associé-gérant de l'établissement n'avait pas le loisir de vérifier, ou le droit de rejeter.

On verra, d'après les considérations suivantes, combien il importe à l'État de pourvoir à l'éducation des enfans des pauvres, au-dessous de dix à onze ans, dans toutes les parties du royaume, et surtout dans les districts manufacturiers.

Les manufactures réunissent naturellement une nombreuse population dans un espace étroit ; elles offrent toutes sortes de facilités aux cabales secrètes et aux associations parmi les ouvriers ; elles communiquent l'intelligence et l'énergie aux esprits vulgaires, et l'esprit de révolte devient général lorsque ces sociétés fournissent par les salaires élevés le nerf de la sédition, ainsi que les moyens d'enflammer les passions et de satisfaire les goûts les plus dépravés. Ceux qui n'ont pas reçu une éducation morale et religieuse deviennent nécessairement, par la dépravation de la nature humaine, les esclaves des vices et des préjugés ; ils ne voient les objets que d'un seul côté, celui que leur offre leur égoïsme ; ils sont aisément excités par d'astucieux démagogues à commettre toutes sortes d'outrages; et il leur arrive souvent de regarder d'un œil jaloux et hostile leur plus grand bienfaiteur, le capitaliste économe et entreprenant qui les emploie.

L'intérêt qu'excitent les ouvriers des fabriques devient beaucoup plus vif si l'on considère l'immense valeur et l'extrême perfection de leurs produits, ainsi que la puissante influence que leurs travaux exercent sur la prospérité et même sur l'existence du royaume. La valeur totale des exportations des trois royaumes unis se montait, l'année dernière, à 36,541,296 livres sterling, dont au moins 30,000,000 consistaient en manufactures de coton, de laine, de lin et de soie, qui forment le sujet de cet ouvrage. Une banqueroute nationale, avec une armée et une marine délabrées, serait le résultat d'une grande convulsion manufacturière. Tout bon patriote doit se récrier avec force contre une telle catastrophe, et tâcher d'étouffer le mal dans sa naissance par une politique sage et libérale.

Je n'appréhende pas un tel résultat, car je crois que les lumières se répandent, et que le sentiment moral se développe dans les fabriques; voilà le fruit des écoles du dimanche

et d'autres établissemens philanthropiques,
fondés et soutenus principalement par les ouvriers, sans le secours des riches, et sans la
protection des grands. C'est un beau spectacle
que de voir cette multitude d'enfans des fabriques rangés dans une école du dimanche.
Je conseillerais aux amis de l'humanité, auxquels il peut arriver de passer par le Cheshire
ou le Lancashire, de ne pas manquer l'occasion de visiter, le dimanche, la ville industrielle de Stockport, qui touche à ces deux
comtés. Elle contient soixante-sept fabriques,
qui entretiennent dans l'aisance 21,489 ouvriers de tout âge.

La fondation de l'école du dimanche de
cette ville, en 1805, est due à des contributions volontaires, surtout celles des chefs de
fabriques. C'est un bâtiment grand, simple et
élevé, qui a coûté 10,000 livres sterling; il y
a, au premier étage, une salle magnifique pour
les examens généraux et le culte public; cette
salle peut contenir près de trois mille personnes. Il se trouve, en outre, aux autres
étages, plus de quarante chambres commodes
pour les écoles de garçons et de filles, la salle
du comité et une bibliothéque. Le 16 juin de
la même année, le comité, les maîtres, et les

écoliers des écoles du dimanche, qui existaient alors, s'assemblèrent sur le site élevé du nouveau bâtiment, pour célébrer d'une manière solennelle le commencement de cette noble entreprise; la première pierre en avait été posée la veille au soir. Plusieurs milliers d'habitans de la ville et de la banlieue, s'étant joints à eux, toutes les voix, accompagnées d'une nombreuse musique entonnèrent un hymne de louanges au Père de la lumière et de la vie. Le trésorier récita une prière solennelle pour implorer la bénédiction de Dieu sur l'édifice qu'on allait bâtir, et le lui consacrer. Après cette œuvre pieuse, il s'adressa ainsi à la multitude :

« Notre réunion dans ce lieu n'a rien de pompeux ni d'imposant; rien qui puisse éblouir la vue ou enchanter l'imagination par sa splendeur et sa magnificence. Elle est néanmoins de la plus haute importance pour la génération naissante, pour la ville de Stockport, et, autant que son influence le comporte, pour la nation entière. Nous sommes rassemblés ici pour déclarer une guerre perpétuelle au vice et à l'ignorance, pour affermir et pour consolider un établissement destiné à inculquer à la jeunesse de cette ville les principes de la vertu et de la science.

« Nous espérons que des milliers d'enfans apprendront ici non seulement les élémens des connaissances humaines, mais aussi les principes de la religion chrétienne; religion qui est la vraie source de la saine morale et de toutes les vertus publiques et privées. Une pure et sincère bienveillance doit servir de base et de support à cet établissement, dont le but est de consacrer l'offrande des gens pieux et charitables de cette ville, et d'offrir une instruction gratuite aux générations futures. Je suis heureux de déclarer ici publiquement les sentimens du comité, qui a résolu que cet édifice n'appartiendra à aucune secte ni à aucun parti, et ne sera soumis à aucune direction ou influence exclusive; mais l'instruction y sera subordonnée à la religion, et l'enseignement de toutes les sciences humaines se rapportera à cet important objet. »

Dans le rapport annuel de cette admirable institution, pour 1833, le comité déclare que depuis sa fondation les noms de 40,850 écoliers ont été inscrits sur les registres, et que la plupart d'entre eux y ont reçu une éducation morale et religieuse. On a déjà, en grande partie, recueilli le fruit de ces pieux travaux, sous le rapport temporel, ainsi que le prouve le bon ordre qui règne dans cette ville, et le respect que témoigne la population pour la liberté, la vie et les propriétés des individus, même dans un temps d'effervescence politique, où tous ces biens n'étaient pas respectés ailleurs.

La générosité d'un public judicieux a tellement multiplié les écoles du dimanche, qu'il est presque impossible aujourd'hui d'approcher d'aucun côté de la ville de Stockport, sans découvrir une ou plusieurs de ces paisibles forteresses, qu'une sage bienveillance a érigées contre les empiétemens du vice et de l'ignorance. Les partisans de l'éducation universelle n'entendent plus parler du danger d'instruire les basses classes; au contraire, on insiste sur la nécessité de répandre les lumières. On flatte le peuple sur les progrès qu'il a faits; « et il n'est pas moins en danger de souffrir des effets d'une flatterie astucieuse et mal entendue, qu'il a souffert, dans un temps, de la coupable négligence avec laquelle on le traitait. »

Lorsque je visitai cette école, il y a quelques mois, il y avait quatre à cinq mille enfans qui assistaient aux leçons de quatre cents maîtres ; ils étaient divisés en plusieurs classes, et distribués dans plus de quarante chambres, sans compter la grande salle, située au haut du bâtiment. J'eus l'agréable spectacle d'une réunion d'environ quinze cents garçons et autant de filles, assis les uns à droite, les autres à gauche, sur des banquettes séparées. Ils étaient tous décemment vêtus, se comportaient avec bienséance, et avaient un visage brillant de santé et un teint fleuri. Leurs chants religieux produisaient sur l'âme la même impression que le chœur de Westminster aux jours de solennité. L'orgue était excellent, et était touché, ce jour-là, par un jeune homme, ci-devant rattacheur dans la filature du propriétaire qui avait la complaisance de m'accompagner.

En visitant les diverses classes, je remarquai que chaque répétiteur bornait, en général, son attention à un seul banc où se trouvaient assis dix à douze enfans, et que, pour mieux faciliter leur avancement, il ne dédaignait pas de descendre même à la portée du moins intelligent. Les progrès qu'ont faits quelques uns d'entre eux, qui n'ont assisté qu'aux écoles du dimanche, sont vraiment surprenans, et prouvent en même temps le zèle des maîtres gratuits, et la docilité des élèves. La méthode de Lancaster est aussi peu en faveur à Stockport qu'en Prusse, où l'axiome suivant est généralement reçu en fait d'éducation : *Tel maître, tel élève.*

L'accroissement extraordinaire des fabriques de Stockport, qui, à ce qu'on prétend, manufacturent autant de coton que celles de Manchester, peut être attribué en grande partie à l'intelligence et à la probité de la nouvelle génération d'ouvriers élevés aux écoles dominicales. Cette ville renferme une population de plus cinquante mille habitans, paisiblement occupés pendant la semaine, et qui exercent le dimanche leurs devoirs religieux. Je n'ai jamais vu une ville manufacturière de la même étendue, dont la conduite, sous ce rapport, fût aussi exemplaire. La planche du frontispice du tome 1er, et celle qui se trouve à la fin de ce volume, représentent, l'une l'intérieur, et l'autre l'extérieur de deux de ces excellentes manufactures de coton.

L'Écosse possède de nombreuses fabriques situées sur les bords de ses ruisseaux romantiques, au milieu d'une population rustique ; on peut par conséquent les examiner avec avantage sous le rapport de l'influence qu'elles

exercent sur l'éducation et sur les mœurs. La
première en date, ou du moins en importance,
est celle qui fut érigée par M. David Dale,
près de Lanark, au-dessus de la chute de la
Clyde. Ce M. Dale, aussi distingué pour sa
piété que par son esprit entreprenant, a établi
un système de discipline pour décourager le
vice et l'irréligion ; si le même système eût été
adopté par les autres fabricans, il y a long-
temps que les ouvriers agricoles de l'Angleterre auraient eu honte de leur imprévoyance
et de leur dépravation, et il n'aurait jamais été
question, au Parlement, de comité ou de commission des manufactures. Ses projets philan-
tropiques ont été si judicieusement exécutés
par ses successeurs, que les fabriques de New-
Lanark sont justement renommées par toute
la terre, ce qui prouve jusqu'à l'évidence que
le travail des manufactures n'est pas incompatible avec le contentement et la vertu. L'école
où l'on instruit la jeunesse, et les appartemens
qui en dépendent, sont magnifiques. Les ouvriers malades sont toujours soignés gratuite-
ment aux frais de la société, et jouissent de
toutes les douceurs que peuvent attendre les
gens de leur condition. La filature de la chaîne
pour les tissus et la bonneterie est la seule

occupation de cet établissement, et s'opère principalement par des femmes, qui ont, en général, le teint frais et ne ressemblent guère aux femmes pâles et languissantes qui, au milieu des mœurs contagieuses des grandes villes, se livrent au même genre de travail. Le village où demeurent les ouvriers appartient au propriétaire; il est bien bâti et contient deux mille ouvriers, dont neuf cent trente sont employés aux fabriques. Trois filatures, dont chacune contient vingt-quatre ateliers, sont en pleine activité, et l'on est en train d'en bâtir une quatrième. On y file, par semaine, de quarante-six à quarante-huit mille livres pesant de coton sur quarante mille broches, dont une partie sur des mull-jenny et l'autre sur des métiers continus, mus par sept grandes roues hydrauliques, d'une force d'environ trois cents chevaux.

Deux professeurs reçoivent des honoraires de la société pour enseigner, tous les soirs, excepté le samedi, la lecture, l'écriture, l'arithmétique, la musique et la danse; ils trouvent actuellement leurs écoliers aussi diligens qu'autrefois. On a établi un fonds pour les malades, auquel les ouvriers contribuent, à raison d'un *penny* par *crown* (de 6 francs) sur leur sa-

laire ; les malades en retirent des secours heb-
domadaires. Lorsqu'il se trouve un déficit dans
les fonds, la compagnie a toujours soin d'y
suppléer, de manière que les ouvriers que la
maladie oblige de s'absenter continuent à en
recevoir des secours. Les ouvriers font peu
usage de liqueurs fortes ; ils ne boivent que de
l'eau à dîner. La plupart des ouvrières portent
des robes de soie le dimanche. Le salaire d'un
fileur se monte de 16 à 20 sch. par semaine ;
celui d'une fileuse, de 7 à 9 sch. et au-delà ;
celui d'un enfant, de 1 à 6 s. 6 d. La morale
des ouvriers des deux sexes est aussi exemplaire que celle de la population des environs,
laquelle, n'étant pas corrompue par une loi
des pauvres mal administrée comme en Angleterre, donne une juste idée des paysans écossais.

Pour mieux prouver que l'établissement
d'une manufacture ne tend pas à la démora-
lisation, je citerai les deux grandes fabriques
de MM. James Finlay et compagnie, dont l'une
est située à Catrine, dans le Ayrshire, et l'autre
à Deanstone, dans le Perthshire. Dans la première, il y a à peu près neuf cents ouvriers,
jouissant tous d'une santé vigoureuse, et plus
heureux que la généralité des hommes. Ils ont

une chapelle et une école, et des maisons commodes et bien supérieures à celles qu'habitent
les paysans du voisinage. La population du
village de Catrine s'élève à quatre mille deux
cent cinquante-trois habitans; et, bien qu'il y
en ait la moitié qui vivent du travail des fabriques, toutefois, depuis une vingtaine d'années, les propriétaires fonciers de la paroisse
n'ont eu à payer pour les pauvres que 212 l.
14 s. 1 d., ce qui ne fait guère que 10 livres
sterling par an.

La filature de coton de Deanstone, près de
Stirling, appartenant à la même maison, peut
également prouver jusqu'à quel point on peut
améliorer, par de sages mesures, la santé et
le moral des ouvriers des fabriques. Il n'y avait
pas la moindre apparence d'impureté dans
l'air, dans les ateliers de la préparation et de
l'étirage, lors de la visite inattendue des commissaires des fabriques. Même dans l'atelier du
parage de la tisseranderie, on emploie avec
avantage un ventilateur pour dissiper la chaleur et l'humidité.

Il y a dans l'établissement des chambres de
toilette pour les femmes, ainsi que des tuyaux
qui conduisent l'eau à chaque étage, et plusieurs autres commodités pour les ouvriers;

on a bâti, pour ceux d'entre eux qui préfèrent demeurer dans le voisinage de la fabrique, des maisons qui ont chacune un petit jardin; ces maisons sont aussi remarquables pour la symétrie que pour l'ordre et la propreté qui y règnent. Aussi, trouverait-on difficilement ailleurs des gens plus gais et plus laborieux. Il n'y a que quarante fileurs dans un atelier de quatre-vingt-deux pieds de long sur cinquante-deux de large, ce qui leur donne beaucoup d'espace pour vaquer à leurs travaux. Les ventilateurs, qui tournent dans de gros tuyaux, enlèvent la poussière avec beaucoup de force, et entretiennent dans les salles un air pur, frais et agréable; ils sont dignes de remarque, et on les adopte aujourd'hui dans la plupart des manufactures. (Voyez *Fig*. 56 et 57.)

La discipline religieuse mise en vigueur par un chef éclairé, est tellement puissante pour retenir ses serviteurs dans les sentiers de la vertu, qu'on peut poser en principe que si les ouvriers ont des mœurs dissolues, c'est que le propriétaire ou le gérant mène une vie licentieuse, ou du moins qu'il est indifférent au bien-être des individus confiés à ses soins, tandis qu'ils sont aisément influencés par ses préceptes, ses réglemens et son exemple. Le témoignage suivant vient à l'appui de ce principe : « Il y a certains maîtres qui exigent de leurs ouvriers une meilleure conduite, une tenue plus propre et plus soignée que dans les autres fabriques. Les surveillans sont des hommes rangés qui y répriment toute contravention aux réglemens ; aussi, y a-t-il toujours une grande concurrence pour être admis dans ces ateliers.

« A ma connaissance, on a compté jusqu'à trente femmes à la fois sur les rangs. Quel hommage rendu à la vertu d'un chef de fabrique ! » [1]

Tel maître tel valet est un proverbe non moins applicable aux établissemens publics qu'aux familles particulières. Le chef de fabrique dont la vie est irréprochable, qui entend

---

[1] Quel contraste entre les femmes de la campagne sous l'aristocratie foncière, telles qu'elles sont représentées dans les *Poor Law Reports,* et celles qui dépendent de l'aristocratie manufacturière, telles qu'on les trouve sur les bords populeux de l'Irwell ! C'est ici que deux généreux propriétaires, feu sir Robert Peel et M. William Grant, ont fait servir le commerce à leurs vues philanthropiques. Parmi le grand nombre d'ouvriers employés par le dernier, à Rambottom, il n'y a eu qu'un seul exemple d'inconduite de la part d'une femme dans un espace de vingt années, et cette femme était fille d'un fermier.

bien ses propres intérêts, et qui a à cœur le bien-être de ceux qui lui sont subordonnés, prendra toutes les mesures possibles pour leur inspirer les meilleurs sentimens. Si au contraire il a des principes relâchés et qu'il néglige de surveiller la conduite de ses subordonnés, lorsqu'ils remplissent la tâche qu'il leur impose, il se ressentira des suites de son insouciance par la malpropreté de l'ouvrage et un manque de respect de leur part. Qu'on se figure un propriétaire de vastes fabriques, d'une expérience consommée, adorateur constant de Mammon, et par conséquent ne pratiquant jamais l'abnégation de soi-même, tant recommandée par l'Évangile. Il sait qu'il ne doit rien attendre que de sa propre surveillance; aussi exerce-t-il, mais en vain, la plus rigoureuse vigilance sur ses ouvriers. Ils conspirent tous, pour ainsi dire par instinct, contre un tel maître; et, quelque peine qu'il se donne, il ne peut jamais en obtenir un bon travail; ses produits sont d'une qualité inférieure.

Il n'aura donc vendu qu'à bas prix et à de mauvais acquéreurs. Il y a, pour ainsi dire, un sort jeté sur son industrie. Sachant combien il est peu aimé de ses ouvriers, il cherche à regagner leur faveur, en fermant les yeux sur leurs vices; il voit avec indifférence leurs excès le samedi soir et le dimanche, pourvu qu'ils se rendent à leur ouvrage le lundi matin.

Un tel état de choses pouvait se maintenir par les bénéfices, à l'époque où la concurrence était moins forte; mais actuellement elle manque rarement, comme je pourrais le prouver par des exemples, sinon de diminuer les capitaux réalisés sous de meilleurs auspices, du moins d'entraver la prospérité du fabricant. Il est évidemment de son intérêt d'organiser son mécanisme moral sur des principes aussi solides que ceux qui font marcher ses machines automatiques; autrement, il n'aura jamais à son service des bras assurés, des yeux vigilans et une prompte coopération, sans lesquels on ne saurait atteindre à la perfection des produits. Les ouvriers imprévoyans deviennent indifférens sur leur sort, et ceux qui sont dissolus sont sujets à des maladies; ainsi, les uns et les autres sont incapables d'exécuter les opérations délicates qu'exige l'industrie automatique, opérations susceptibles de différens degrés d'imperfection, sans cependant présenter des défauts assez graves pour rendre l'ouvrier passible d'une amende. Dans aucun cas, cette maxime de l'Évangile, *la pitié est d'un grand profit,* n'est plus applicable que dans l'administration d'une grande manufacture.

Un observateur expérimenté peut aisément découvrir, par le désordre du système général dans un établissement quelconque, le relâchement de la discipline morale, les irrégularités des différentes machines, la perte du temps et de la matière que cause la rupture et le rattachage des fils. D'un autre côté, le maître voit avec peine que l'indulgence qu'il témoigne pour les vices de ses ouvriers n'est récompensée que par leur indifférence à ses intérêts, bien que le paiement des salaires lui donne le droit d'en attendre des services zélés : il est donc de l'avantage, ainsi que du devoir, de tout chef de fabrique d'observer, à l'égard de ses ouvriers, le précepte divin : *d'aimer son prochain comme soi-même;* car, en agissant ainsi, il fera circuler une nouvelle vie dans toutes les veines de l'industrie.

Il paraît que les artisans des États-Unis sont traités d'après ce principe; et l'on prétend que c'est pour cette raison que leur morale est supérieure à celle des agriculteurs. « Dans notre établissement, dit M. Kempton, les propriétaires, sachant apprécier les avantages d'une éducation religieuse, après avoir bâti une cha-

pelle, payaient la plus grande partie des honoraires du ministre, et officiaient souvent eux-
mêmes le soir en présence d'une assemblée nombreuse et recueillie. Nous ne voulions garder
aucun ouvrier qui bût des liqueurs fortes, et
l'on en faisait autant dans les autres établissemens; ils appartiennent presque tous à des
sociétés de tempérance. Dans les États de la
Nouvelle-Angleterre, un homme connu pour
être adonné à la boisson ne peut trouver d'emploi; en Amérique, un chef de fabrique est
plutôt regardé comme un marchand auquel
les ouvriers vendent leur travail, que comme
une personne dont l'intérêt est opposé au leur.
Les manufacturiers désirent toujours que les
enfans soient bien élevés, parce qu'alors ils
les trouvent plus dignes de confiance, et aussi
plus utiles dans leurs fabriques. [1]

Il faut espérer que la mère-patrie ne dédai-
gnera pas de prendre conseil de sa fille éclairée, et que les fabricans de la vieille Angleterre tâcheront de décourager, par les moyens
efficaces que nous venons de détailler, le vice
de l'ivrognerie, qui fait la honte de nos compatriotes ici comme à l'étranger. « Les ouvriers

[1] *Committee on Manufactures, Commerce, and Shipping*, p. 149.

anglais, dans les manufactures américaines, ajoute M. Kempton, sont connus pour être ivrognes et difficiles. Leurs prétentions ignorantes engendrent des haines et des inimitiés contre les chefs, ce qui donne lieu à des séditions, qui entravent d'une manière déplorable la marche des affaires. C'est pour ces motifs qu'on refuse de prendre des ouvriers anglais dans les fabriques de la Nouvelle-Angleterre. On ne voit pas, en Amérique, ces jalousies qu'on voit en Angleterre entre les ouvriers et les maîtres. »

On peut juger des facilités que présente une fabrique bien gérée pour avancer la régénération de la société humaine, par la description suivante de l'état et des dispositions des ouvriers :

John Redman, l'un des quatre surveillans-visiteurs des pauvres de Manchester, directeur de l'école dominicale de *Bennet street*, et depuis quinze ans trésorier d'une société de santé attachée à cette école, avait, dans sa jeunesse, passé par tous les degrés du service des manufactures, avec un salaire qui augmenta successivement de 1 à 100 par semaine. Il fut recommandé aux commissaires des manufactures par un partisan du réglement des dix heures. On peut donc le regarder comme un témoin irrécusable de l'état moral des manufactures. Voici des extraits de sa déposition sous serment :

« Que pensez-vous des mœurs des garçons et des filles employés aux travaux que vous venez de décrire ?

« Je dirai d'abord que, lorsqu'ils travaillent à domicile, ils sont renfermés toute la journée avec leurs parens; ils ne connaissent ni les hommes ni les choses qui les entourent. Ainsi, le seul sentiment qu'ils puissent percevoir, c'est celui de l'égoïsme ; et, comme leur manière de travailler ne les éloigne pas de leur cercle domestique et ne leur offre pas l'occasion de faire connaissance avec leurs voisins, les liaisons qu'ils forment résultent de circonstances étrangères à leur travail, tandis qu'il ne se passe pas une demi-heure dans les fabriques, sans que les enfans ne se rendent les uns aux autres d'importans services. Si un rattacheur finit de rattacher ses bouts avant un autre, il court aider son voisin, et par-là lui épargne une réprimande ou même des coups; et son voisin peut lui rendre immédiatement le même service. Cette dépendance mutuelle leur inspire des sentimens de bienveillance; et comme

les fileurs changent fréquemment de rattacheurs, ces derniers se trouvent perpétuelle-
ment en contact avec des étrangers, de manière que la sphère de ces sentimens s'étend
de plus en plus. Cet échange de bons offices a
lieu à toute heure de la journée, et se fait surtout remarquer dans les cas de maladie. Un
rattacheur peut être un peu indisposé, sans
cependant vouloir s'absenter, ce qui lui ferait
perdre la moitié ou le quart d'une journée ;
dans ce cas, les autres l'aident dans son travail, et le mettent par-là en état de gagner la
totalité de ses gages. On en voit tous les jours
des exemples. »

Interrogé relativement aux effets du travail
des fabriques sur les jeunes femmes, M. John
Redman s'exprime ainsi : « Ce sont leurs pères
ou leurs amis qui travaillent dans les fabriques,
et ils ont tous un intérêt commun à réprimer
l'immoralité des plus jeunes ouvriers des deux
sexes. Supposé qu'une manufacture de coton
contienne quarante fileurs, dont chacun emploie quatre rattacheurs, ce qui fait en tout
cent soixante jeunes gens des deux sexes, dont
les âges varient de neuf à vingt ans ; on peut
présumer que trente fileurs, sur ces quarante,
sont des hommes mariés, et que beaucoup

d'entre eux ont une nombreuse famille. Dans le cas même où leurs enfans ne travailleraient pas avec eux, comme pères, ils ont tous intérêt à réprimer une conduite et un langage indécens ; à quoi on peut ajouter que les écoles du dimanche se sont tellement multipliées depuis vingt ans, et qu'elles contiennent probablement aujourd'hui, en nombre rond, plus de trente mille enfans, rien qu'à Manchester. Les instituteurs et les institutrices sont ordinairement âgés de dix-huit à vingt-cinq ans environ. Les institutrices travaillent toute la semaine en qualité de soigneuses d'étirages ou de fileuses des métiers en gros, rattacheuses, dévideuses, etc. ; et les instituteurs en qualité de cardeurs, rattacheurs, et, dans certains cas, de fileurs. Ils communiquent naturellement à leurs classes, par leurs préceptes et par leur exemple, l'amour de l'ordre et de la bienséance, et la vénération pour les exercices religieux, vertus qu'ils doivent à leurs fonctions d'instituteurs. Je pourrais citer plusieurs preuves de ce que j'avance ; mais je me bornerai à en offrir une seule, qui a fait sur moi une vive impression.

« Un jour, après la classe de l'école de *Bennet street*, les instituteurs entrèrent comme à l'ordinaire, en conversation sur le but de cette institution ; on remarqua qu'il serait à souhaiter que les élèves se conduisissent hors de la classe aussi bien qu'aux heures de leçons. Une des institutrices, non mariée, âgée de vingt-quatre ans, qui travaillait comme fileuse dans la fabrique de M. Mac Connell, déclara que sa qualité d'institutrice lui avait procuré quelque avantage à cet égard ; elle en donna pour preuve que, dans la fabrique où elle travaillait, il y avait plusieurs jeunes gens pétulans et grossiers, qui adressaient des propos un peu lestes aux autres jeunes femmes, mais qui, sachant qu'elle était institutrice et qu'elle s'en formaliserait, n'osaient jamais lui parler qu'avec respect. Elle ajouta que les remontrances qu'elle leur faisait sur l'inconvenance de leur conduite envers les autres, produisait toujours un bon effet. Ces exemples, selon moi, ne sont pas rares ; ils se multiplient de jour en jour parmi les enfans élevés aux écoles du dimanche. »

Certains villages manufacturiers offrent des exemples remarquables des effets salutaires qui résultent de l'éducation des enfans indigens. Sur le territoire de Turton, à deux milles d'Egerton, dont nous avons déjà parlé, il y a une école de charité où sont logés et élevés une douzaine d'enfans. Il y a près d'un siècle et demi que la ville jouit de cet avantage. M. Henri Ashworth, propriétaire des fabriques de Turton et d'Egerton, assure avoir entendu dire, qu'à la connaissance des plus anciens officiers municipaux et des habitans de la ville, il n'y avait eu que deux individus élevés à cette école de charité qui eussent par la suite reçu des secours de la paroisse. L'un d'eux n'avait jamais pu apprendre son *a b c*, et était presqu'imbécille ; l'autre ne réclama des secours qu'à un âge très avancé, et après que sa famille l'eut abandonné. Tous les élèves appartiennent à la classe ouvrière, et sont élus chaque année par les directeurs des pauvres. MM. Ashworth, profondément pénétrés de l'efficacité d'une bonne éducation, ont introduit dans leurs établissemens des écoles primaires, sous la surveillance de jeunes femmes recommandables par leur bonne conduite. Ils sont persuadés que, dans ces établissemens, les enfans apprennent à être obéissans et retenus, et qu'en général c'est tout le contraire lorsque les enfans sont élevés chez leurs parens. Dans deux écoles dépendantes de leur fabrique, et dans une autre soutenue conjointement par

MM. Ashworth et plusieurs autres personnes, cent cinquante enfans, de trois à neuf ans, ont reçu, depuis plusieurs années, les bienfaits de l'éducation, suivis du plus heureux résultat. Les fileurs au mull-jenny, même les plus grossiers et les moins difficiles dans leur choix, préfèrent toujours les enfans qui ont été élevés à une école primaire, parce qu'ils les trouvent toujours plus dociles. Ces enfans sont retenus d'avance par les ouvriers qui choisissent leurs propres rattacheurs. Rien ne démontre mieux l'avantage de ces écoles primaires que les faits précédens. Nous avons des preuves non équivoques de leur utilité, également satisfaisantes pour les parens et pour les maîtres. D'autres bonnes qualités se développeront chez les enfans à mesure qu'ils grandiront.

Il me semble que les partisans d'une éducation philanthropique qui dédaignent l'étude de la nature humaine, telle qu'elle est développée dans l'Évangile, ont manqué leur proie en lâchant la substance pour l'ombre. La grande maxime fondamentale, inculquée également par la philosophie et par la religion, c'est que l'homme ne doit pas attendre son bonheur suprême dans ce bas monde, mais bien dans une vie future. Il n'y a que celui qui agit d'après ce principe qui puisse jouir de la paix de l'âme au milieu de toutes les vicissitudes humaines, et qui se garde bien de poursuivre avec une envie et une fureur effrénées les vains fantômes que poursuivent les dupes de l'ambition et des plaisirs. Les passions qui agitent actuellement toutes les classes de la société, se calmeraient promptement dans tous les États de la chrétienté, si cette doctrine sublime devenait la règle de notre conduite. L'économiste politique peut prouver jusqu'à l'évidence s'il y a profit ou perte; le moraliste peut discourir éloquemment sur la beauté, la dignité, l'excellence et l'utilité de la vertu; mais, s'ils ne basent leur doctrine sur ce grand principe, ils ne trouveront jamais de digue assez forte pour arrêter le torrent des passions fougueuses qui inondent les nations. Le théologien philosophe, qui ne tire sa connaissance d'une intelligence suprême que des déductions de la physique ou de la métaphysique, peut prêcher une morale ingénieuse; mais sa voix est impuissante comme la voix de celui qui crie dans le désert. Le beau idéal de la religion dont la mitre et la couronne sont les emblèmes, peut être pour l'aristocrate l'objet d'un culte agréable; mais c'est un spectacle trop pompeux pour l'homme déchu, et trop plein d'ostentation pour un cœur contrit et dévot. Des notions vagues comme celles que nous venons de mentionner ne sauraient produire l'héroïsme de la foi, ou une entière abnégation de soi-même pour l'intérêt du prochain. Les actes d'une vertu pure ne peuvent être inspirés que par l'amour d'un être suprême, agissant par ses conseils et par son exemple, sur nos volontés et sur nos affections. Le théisme sentimental n'a point de force morale. Il se montre, dans les cercles de la haute société, l'allié et l'apologiste du vice. Où le genre humain trouvera-t-il cette puissance transformatrice? — Dans la croix de Jésus-Christ. C'est là le sacrifice qui expie le péché; c'est là le motif qui fait détester le vice; c'est cette croix qui mortifie le péché en montrant que la turpitude en est ineffaçable, à moins d'une telle expiation; elle répare le crime de la désobéissance; elle excite à la soumission; elle donne de la force pour obéir; elle rend l'obéissance praticable, agréable à Dieu; elle la rend pour ainsi dire inévitable, car elle nous y contraint; enfin, elle est non seulement un motif, mais un exemple d'obéissance.

Quel témoignage éclatant ne rendent pas à ces vérités éternelles, dans l'Histoire des écoles prussiennes, les détails officiels de **M. Cousin**, philosophe français, que ceux mêmes qui voudraient affaiblir l'impression que ces détails ont produite, ne peuvent accuser de crédulité ni de fanatisme !

« Je connais un peu l'Europe », dit-il, « et nulle part je n'ai vu de bonnes écoles du peuple où manquait la charité chrétienne. L'instruction primaire fleurit dans trois pays : la Hollande, l'Écosse et l'Allemagne ; or, là elle est profondément religieuse : on dit qu'il en est de même en Amérique. Il ne peut y avoir de vraie instruction *populaire* sans morale, de morale *populaire* sans religion, ni de religion sans un culte. Le christianisme doit être la base de l'instruction du *peuple*; il ne faut pas craindre de professer hautement cette maxime; elle est aussi politique qu'elle est honnête. Que nos écoles *populaires* soient donc chrétiennes, qu'elles le soient sincèrement et sérieusement.

« Les petites écoles normales » en Prusse « sont destinées à suppléer à l'insuffisance des grandes. — Rien n'est plus aisé à établir, mais à une condition qu'on aura des directeurs et des élèves dévoués et obscurément dévoués.

Or, ce genre de dévouement, la religion peut seule l'inspirer et l'entretenir. Dans ces modestes institutions, tout respire le christianisme, l'amour du peuple et de la pauvreté. Tant que la foi animée par la charité régnera dans l'établissement et remplira les cœurs des maîtres et des élèves, il ne sera pas nécessaire de prescrire une règle minutieuse; mais on cherchera à réunir autant que possible l'éducation à l'instruction. La lettre tue et l'esprit vivifie. Mais que ne faudra-t-il pas pour faire pénétrer le véritable esprit du christianisme dans l'établissement, pour que maîtres et élèves, par amour pour le Seigneur, consacrent leurs soins à la jeunesse pauvre!»

Voilà une indigence en comparaison de laquelle la condition de nos ouvriers des fabriques est de l'opulence; et cette indigence est sans espoir, car, dans ce pays, on n'a aucune idée d'amélioration ni de changement. Mais si jamais la pauvreté a paru sereine, contente, superbe, gracieuse, c'est ici. On y voit des individus au printemps de la vie qui, loin d'être ce qu'on nous dit que l'instruction rend les hommes, impatiens, envieux et mécontens, se dévouent de gaîté de cœur à l'indigence et à l'obscurité pour le reste de leur vie. Ils ne sont élevés, par leur éducation, au-dessus de leurs pauvres voisins, que pour devenir les serviteurs de tous, et pour élever les enfans les plus humbles dans un profond sentiment de la haute destinée de l'homme et de la beauté de la création, dans l'amour et dans l'adoration de la bonté infinie du Créateur.

Madame Austin, l'habile traducteur de l'ouvrage de M. Cousin, y a ajouté une préface éloquente et qui rivalise avec celle de l'original. « J'avoue, dit-elle, que je désespère qu'on puisse faire prévaloir de tels sentimens dans ce pays-ci. Chez nous, la religion donne lieu aux disputes les plus acerbes et les plus implacables; on la fait entrer dans la polémique des journaux et dans les discussions des lois ; ses vêtemens brillans et sacrés sont saisis et souillés par toutes les mains ambitieuses et sacriléges.

« Il me semble que nous sommes grandement coupables d'inconséquence, relativement au but de l'éducation. Avec quel zèle ses plus habiles partisans n'ont-ils pas cherché à inculquer, dans l'esprit du peuple, que l'éducation est le seul moyen de succès ; que le savoir fait le pouvoir; qu'un homme ne peut améliorer sa condition, s'il n'a point acquis des connaissances! Et puis nous nous plaignons que l'éducation les met au-dessus de leur état, les dégoûte du travail, et les rend envieux, ambitieux, mécontens! Nous ne pouvons recueillir que ce que nous avons semé : nous plaçons devant eux les objets qui tentent le plus les hommes sans éducation; nous les excitons à acquérir des connaissances, en leur faisant espérer que la science leur fera obtenir ces objets. Si leur esprit est corrompu par ce but inconsidéré, et aigri par le non-succès, qui est nécessairement le sort de la plupart des hommes, à qui faut-il s'en prendre? »

Cette éducation parfaite du peuple ne se borne pas au royaume protestant de la Prusse, elle fleurit aussi avec la plus grande vigueur sur le territoire catholique d'Autriche. M. Peter Kennedy, propriétaire d'une filature de coton, à Feldkirch, dans le Tyrol, a déclaré, dans ses réponses aux interrogations des commissaires des fabriques, que la loi, en Autriche, exige que tous les enfans aillent à l'école jusqu'à ce qu'ils sachent lire et écrire à la satisfaction du curé de la paroisse. Si celui-ci vient à découvrir qu'un enfant n'a pas été à l'école le temps voulu, mais que ses parens l'ont envoyé travailler dans une fabrique, comme cela arrive tous les jours à Manchester et à Glasgow, il ferait des remontrances aux parens, et, en cas de récidive, il aurait droit de les assigner devant le magistrat, qui peut ordonner l'emprisonnement ou d'autres peines pour les forcer d'obéir à la loi. « Nous n'avons pas, à ma connaissance, ajoute-t-il, d'ouvriers qui ne sachent ni lire ni écrire »

La fierté des Anglais ferait échouer toute tentative pour rendre chez eux l'éducation obligatoire; mais la philanthropie s'occupe maintenant de suppléer au défaut d'une instruction exigée par les lois.

Dans les districts manufacturiers, les ministres de l'Évangile, de toutes les sectes, semblent pénétrés du sentiment de leur responsabilité; déployant, dans leur mission sacrée, une énergie digne des premiers siècles du christianisme, ils exercent avec zèle leurs fonctions régénératrices, non seulement dans la chaire, mais encore dans les repaires du vice et sur le lit de la douleur. On a prétendu que le refus prolongé d'accorder à la métropole manufacturière ses droits politiques et l'indépendance de son clergé, appuyée sur l'opinion publique, ont autrefois aliéné contre l'Église la plupart de ses principaux citoyens, et ont même refroidi, jusqu'à un certain point, l'ardeur de leur foi. Quoi qu'il en soit, d'après ce dont j'ai été témoin à Manchester, il me semble que le zèle religieux ne languit plus dans la froide région du néologisme, mais qu'il s'avance vers la véritable source de la lumière et de la chaleur morales, vers le soleil de la justice, pour ne plus parcourir le même orbite excentrique. Cet heureux changement doit s'attribuer, grâce aux bienfaits de la Providence, à la vaste circulation des saintes Écritures, et à l'accroissement des écoles du dimanche, ces deux signes caractéristiques de notre époque.

Vivifiées par une population morale, nos fabriques fleuriront, et porteront des fruits abondans; car elles ont de plus profondes racines que ne le supposent les manufacturiers eux-mêmes. Ce fait, apprécié à sa juste valeur, doit nous empêcher de désespérer de les voir bientôt arriver à leur plus haut point de splendeur. En effet, je n'ai vu que peu d'individus qui craignissent la concurrence étrangère; et ceux-là étaient peu versés dans la mécanique; leurs vues, en fait d'économie politique, étaient très bornées. Les plus intelligens se fiaient volontiers à leur supériorité, pourvu qu'ils ne fussent pas persécutés de nouveau par une croisade inquisitoriale, ce qui n'est pas du tout probable, lorsque les travaux de l'habile commission nommée par le gouvernement seront généralement connus.

QUATRIÈME PARTIE.

———

CHAPITRE Ier.

ÉCONOMIE COMMERCIALE DU SYSTÈME MANUFACTURIER.

PLUSIEURS observations écrites, dès le principe, pour cette partie de l'ouvrage, ayant
été, pendant qu'il était sous presse, intercallées
dans la deuxième partie descriptive et le chapitre premier de la troisième, afin de mieux
développer certains détails sur les manufactures
de coton, de laine et de soie, je me bornerai
ici à faire quelques remarques générales sur
l'état actuel du commerce, des capitaux et du
crédit, et sur l'influence qu'exercent la liberté
et les restrictions commerciales sur l'industrie
des nations.

Le caractère de nos manufactures s'est beaucoup amélioré depuis quelques années.

Autrefois on fabriquait une grande quantité de marchandises, que l'on gardait dans les
magasins jusqu'à ce que l'on en trouvât le
débit; il n'en est plus ainsi aujourd'hui : les

fabricans reçoivent des commandes, et ces commandes paraissent plus que suffisantes pour occuper tout leur temps. Le fait suivant prouvera l'exactitude de cette assertion : une des plus grandes maisons de commerce du monde, celle de MM. Baring et compagnie, fut, il n'y a pas long-temps, obligée de contracter des engagemens en avril ou en mai, pour des marchandises livrables au mois de septembre suivant. M. Bates, l'un des sociétaires de cette maison, nous apprend que lorsqu'il vint pour la première fois dans ce pays, il y a vingt ans, il existait dans la plupart des magasins de Londres, vingt mille, trente mille, cinquante mille et même cent mille pièces de marchandises de Manchester, en vente, et qu'aujourd'hui, par exemple, lorsqu'il reçoit, dans le cours ordinaire de ses affaires, une commission de l'Amérique pour y envoyer une grande quantité de marchandises, il est obligé de les commander fort long-temps d'avance. Les tissus, soit de laine, soit de lin, soit de coton, sont aussi, en général, d'une bien meilleure qualité qu'anciennement. « *Les vieux ouvriers à la main,* dit un fabricant de laine, *ne sont certainement pas à leur aise ; car comme les jeunes entendent beau-*

coup mieux leurs affaires, et qu'ils travaillent avec infiniment plus d'adresse, on les pré-fère, et avec raison, à leurs aînés. » [1]

La preuve en est, dit M. Bates, que deux Français sont déjà arrivés ici, chargés de fortes commandes, pour des draps anglais (ce qu'il regarde comme une circonstance assez singulière). Ils ont acheté pour un marché étranger, et ont dit que le drap en Angleterre est beaucoup plus beau qu'on ne pourrait le faire sur le continent avec les mêmes maté-riaux, ce qui les avait portés à venir faire leurs achats en Angleterre.

Le grand débit de nos marchandises n'est ni partiel ni passager. Il a augmenté dans toutes les parties du monde dans une propor-tion à peu près égale, indépendamment de la grande consommation qui s'en fait à l'intérieur. Les rapports qui nous parviennent des diffé-rentes parties du globe, des côtes de l'Océan Pacifique, du Brésil et du Mexique, prouvent l'état d'amélioration de ces diverses contrées, dont les demandes pour toute espèce de mar-chandises manufacturières sont conséquem-ment très étendues. Une augmentation très

---

[1] Commission sur les Manufactures, 1833, p. 47.

considérable aussi doit suivre bientôt l'ouverture de nos relations commerciales avec la Chine. « Les États-Unis », ajoute M. Bates un de leurs citoyens, « aboliront probablement un jour leur tarif, à l'exception de ce qu'il leur faudra pour subvenir aux revenus de la république, et il en résultera nécessairement encore de nouvelles demandes pour nous. » D'un autre côté, les immenses colonies qui sont peuplées d'Anglais, augmentant d'importance chaque année, multiplient les demandes dans une progression qu'il est impossible de calculer jusqu'à présent. Une des causes principales de cette extension du commerce, c'est la baisse dans le prix du coton, provenant de la baisse dans le prix des esclaves, et de la production des plantations dans les vallées du Mississipi, où l'on peut encore retirer un profit sur le coton en laine, en ne le vendant même que 3 pence la livre; et comme les prix se sont maintenus beaucoup plus hauts, jusqu'à ce jour, la culture du coton s'y est étendue avec une rapidité extraordinaire.

La manufacture de lin commence, depuis quelques années, à rivaliser avec celle du coton, pour la rapidité de son développement.

« Les facilités multipliées pour la filature

du lin dans nos *factories*, dit M. Marshall de Leeds, devraient chasser toute appréhension de rivalité étrangère, et nous mettre à même d'entrer en concurrence, et avec succès, dans tous les marchés étrangers et neutres. » Mais, ajoute-t-il, ce qui restreint notre commerce d'exportation, c'est que les lois sur les grains nous empêchent de recevoir, en échange, des articles de consommation générale [1]. Sous ce point de vue, peu de gens font assez d'attention aux positions relatives dans lesquelles sont placés nos intérêts manufacturiers avec nos intérêts agricoles, à cause des proportions inégales dans lesquelles leurs produits respectifs sont consommés dans notre pays, eu égard à leur quantité totale; c'est pourquoi peu de gens peuvent apercevoir jusqu'à quel point l'inégalité de ces avantages est aggravée par l'intervention d'une loi qui pèse précisément du côté où penchait déjà la balance.

Si l'on pouvait justifier une intervention entre ces deux classes d'intérêts, ne serait-il pas plus juste de proposer une prime, dans le but d'augmenter l'importation des grains,

[1] Rapport de la commission sur les manufactures, etc., 1833.

plutôt que de lever un impôt qui l'entrave? Les agriculteurs, en tout temps, ont le grand avantage de toujours vendre leurs produits à l'intérieur, dans un marché mal approvisionné, tandis que celui où le fabricant vend les siens regorge, au contraire, de marchandises de la même espèce. Propositions qu'on peut déduire des relevés officiels de nos importations et de nos exportations.

La quantité moyenne de blés étrangers, principalement de froment, importée annuellement en Angleterre pendant les sept dernières années, s'est montée à près de deux millions de quarts, sans compter une grande quantité de semences, de beurre et de fromage. Un tiers, au moins, du suif que nous employons vient de l'étranger; et l'on importe des huiles en grande quantité pour remplacer le suif dans la fabrication du savon, ainsi que des huiles de poisson pour lampes, au lieu de chandelles. On pourrait étendre considérablement cette liste de produits agricoles, ou des produits qui les remplacent, sans y comprendre rien qui soit étranger à notre sol et à notre climat; mais elle suffira pour prouver que le propriétaire agricole jouit, pour le produit de ses terres, d'un marché intérieur où les demandes dépassent de beaucoup les approvisionnemens.

Le montant des valeurs réelles (non officielles) des exportations britanniques, dans chacune des deux dernières années, s'est élevé à un peu plus de 36,000,000 de livres sterling, et presque toute cette somme consiste en produits de fabrication. Le coton, la laine fine de mouton, le lin et les drogues pour la teinture sont les principales matières premières de nos exportations que nous ne produisons pas; les métaux et la houille restent dans nos mines jusqu'à ce qu'ils en soient extraits par le travail. Ainsi, en faisant une ample déduction pour les matières étrangères, la quantité du surplus de travail indigène, qui doit chercher les marchés étrangers, peut être estimée, en nombre rond, à 30,000,000 de livres sterling par an. Ainsi, pour le fabricant, le marché intérieur est toujours un marché encombré.

Rendons cet argument plus clair par un exemple. Un agriculteur a cent quarts de froment à vendre, le fabricant, qui a besoin de toute cette quantité, et au-delà, la lui achètera; mais lui, il a deux cents pièces de tissus de coton à vendre, et il n'en faut que la moitié à l'agriculteur : or, comme la quantité du produit de l'un n'est pas suffisante, et que celle de l'autre, au contraire, excède les besoins du marché intérieur, les prix des deux produits doivent être réglés sur ceux du marché étranger, dont l'influence aura un effet inverse, la position de l'un étant l'inverse de celle de l'autre. La question entre eux deux ne peut donc être équitablement décidée, qu'en admettant qu'ils jouissent tous les deux également de la liberté du commerce.

Lorsque c'est l'agriculteur qui vend, il peut, en fixant le prix de son blé, ajouter encore au prix étranger tous les frais de transport et d'importation. Il tient son prix ferme, et au marché il peut dire au fabricant « Laissez « mon blé si vous n'en voulez pas, et faites un « voyage de mille milles par terre et par mer « pour aller chercher le blé à bas prix dont « vous parlez. »

Mais si l'agriculteur, au contraire, devient l'acquéreur de son voisin le fabricant, il retourne sa formule d'arithmétique, et déduit du prix que ces marchandises obtiendraient à un marché étranger, la totalité des frais de transport. Son langage est à peu près le même et tout aussi péremptoire. Il dit alors au fabricant : « Voilà mon offre; vous êtes libre

« de la refuser, et de transporter vos mar-
« chandises à l'autre bout du monde pour en
« obtenir le meilleur prix que vous vous flattez
« de recevoir ailleurs. »

Soit comme acquéreur du blé, soit comme marchand du coton, le fabricant est obligé de se soumettre à la volonté de l'agriculteur; car c'est lui et non ce dernier qui, dans ces deux cas, est sujet à l'influence des prix étrangers. Il en résulte qu'il donne 100 pièces de coton pour cinquante *quarts* de froment. Mais la question n'est encore qu'à moitié développée, et ne montre que bien faiblement les avantages qu'a naturellement l'agriculteur sur le fabricant, et par conséquent l'injustice d'augmenter encore ces avantages par des moyens artificiels.

Nous avons déjà vu que le premier emploi que l'agriculteur fait de son pouvoir sur le fabricant, c'est de se pourvoir d'une abondance de marchandises indigènes en échange d'une petite quantité de son froment. Supposé qu'il ait 100 pièces de coton pour cinquante *quarts* de blé, se sentant encore riche des cinquante autres *quarts* qui lui restent, il lui prend fantaisie de jouir des articles de luxe étrangers, outre ses articles indigènes, et il médite comment il doit s'y prendre pour faire valoir son reste de blé de manière à se les procurer le plus avantageusement possible. Mais lorsqu'il pense à envoyer son blé au marché étranger, il réfléchit aussitôt qu'il lui faudra consentir non seulement à en accepter le prix étranger, mais encore à déduire de ce même prix les frais d'exportation, au lieu de pouvoir y ajouter les frais de l'importation, comme il en a usé lors de son marché avec le fabricant, sur les cinquante *quarts* qu'il lui a vendus. Or, se dit-il en lui-même, je me rappelle que le fabricant à qui j'ai acheté mes 100 pièces de coton, en avait cent autres qui lui pesaient sur les bras, et je sais qu'il avait bien besoin d'une plus grande quantité de froment que les cinquante *quarts* que je lui ai vendus. Je vais lui porter le reste de mon froment, et le lui offrir en échange pour le reste de ses cotons. Dans sa double détresse, pressé d'un côté par une surabondance de marchandises, et de l'autre par le manque du nécessaire, il sera trop heureux d'accepter mes offres. Je me procurerai ainsi un genre de marchandises dont je me servirai pour l'acquisition des marchandises étrangères, comme de la soie, des thés, des tableaux, etc., que j'ai tant envie d'avoir.

Voilà le fidèle tableau de la vente et de l'achat dans un marché intérieur, où différens articles de commerce sont produits en proportions inégales, ce qui devrait rendre l'agriculteur satisfait de ses avantages naturels. Mais les agriculteurs anglais ont, malheureusement pour eux comme pour leur pays, le pouvoir de régler leurs propres lois, et ont cherché à augmenter encore ces avantages en imposant des droits et des restrictions à l'importation des blés étrangers. Et, bien que leur projet de s'assurer des prix élevés, ou même ceux qu'ils auraient obtenus s'ils eussent été assez sages pour lâcher la bride au commerce, ait entière-ment échoué, il les a toutefois mis à même d'échanger leurs blés pour une grande quantité de produits manufacturiers indigènes, qu'ils emploient partie à leur consommation immé-diate, et partie en échange contre des mar-chandises étrangères, comme on vient de le dire.

Si l'on pouvait faire comprendre à un agri-culteur, dont les vues seraient justes et dés-intéressées, la position relative des intérêts agricoles et manufacturiers, il ne pourrait s'empêcher de dénoncer le système actuel comme un système de duperie et d'oppression.

Car il ne permet pas au fabricant d'envoyer, pour son propre compte, ses marchandises au marché étranger, ni de recevoir en échange le genre de denrées étrangères, comme du blé, dont il a besoin lui-même. L'agriculteur est donc virtuellement et exportateur et importateur ; car, en vertu de l'acte sur les céréales, il a le droit d'acheter avant un autre les marchandises de son voisin au prix *maximum* qu'il a fixé lui-même. La somme immense des exportations prouve que *leur* influence sur l'industrie du pays doit être toute puissante. Tant que l'acte sur les céréales sera en vigueur, les propriétaires-agriculteurs auront en effet le droit de dicter les prix au vendeur et à l'acquéreur. Mais la justice demande que tous les marchands et les acquéreurs soient placés sur le même pied, quant à ce qui regarde leurs avantages réciproques.

Ce dernier acte du despotisme féodal met le propriétaire à même non seulement d'extorquer les produits de l'industrie de son voisin, pour beaucoup moins de blé qu'ils ne valent au marché universel, mais encore de l'imposer sévèrement pendant le cours de la

---

' Ce sujet est développé en entier dans les lettres de H. B. T. sur les lois concernant les céréales.

fabrication. M. W. Graham rapporte que, dans son propre établissement à Glasgow, où toutes les semaines on met en œuvre de quatre-vingts à quatre-vingt-dix balles de coton, chacune de 300 livres pesant, il paie pour près de 700 livres sterling par an de droits sur le blé. Dans chaque pièce de ses calicos blancs, il entre environ vingt livres de coton en laine, et trois livres de farine pour préparer la chaîne.

On peut évaluer la consommation hebdomadaire de chaque métier à tisser mécanique à trois livres de belle farine. Or, comme aujourd'hui il n'y a pas moins de 100,000 métiers à tisser mécaniques en fonction, le total de la consommation annuelle de farine doit être de $3 \times 52 \times 100,000 = 15,600,000$ livres, lesquelles, divisées par 280 donnent 55,714 charges. Ce quotient, multiplié par deux guinées, montrera que le prix de ce poids monte à 117,000 livres sterling. Or, supposé que la loi sur les céréales élève le prix du blé de 10 schellings par charge, les fabricans qui se servent de métiers à tisser mécaniques paient aux propriétaires-agriculteurs un tribut annuel de 27,857 liv., ou une taxe de 5 schel. $6\frac{1}{2}$ p. sur chacun de leurs métiers. En quoi cette exaction diffère-t-elle du vasselage féodal, si ce n'est dans la manière polie, ou plutôt in-directe de faire cette levée? Le *fortiter in re* demeure sous l'apparence du *suaviter in modo.* Les vilains industriels sont heureusement af-franchis de cet état de servitude où les rete-naient leurs anciens seigneurs, et que le chro-niqueur Braton a si heureusement exprimé: *Sciri non poterit vespere quale servitium fieri debet mane.* [1]

Ce qui donne une preuve de notre prospé-rité commerciale, malgré l'acte sur les céréales, c'est le petit nombre de faillites que l'on voit à présent, et le grand nombre de lettres de change en circulation, quoique pour des som-mes peu élevées, joints à l'abondance du nu-méraire dans presque toutes les parties du royaume, provenant de la régularité avec la-quelle les billets sont payés, et de la facilité qu'a le fabricant accrédité de se pourvoir de fournitures. Si un fabricant a la réputation d'être honnête homme, s'il conduit ses affaires avec adresse et prudence, il ne lui est pas dif-ficile de se procurer les moyens d'alimenter son commerce par son propre crédit. Les ca-pitaux du monde commercial sont plus ré-

---

[1] Jamais il ne sait le soir la corvée qu'il aura à faire le lendemain matin.

pandus qu'anciennement; chaque branche de commerce est soutenue aujourd'hui par des capitalistes indépendans. Autrefois, il était extrêmement difficile de se procurer le capital nécessaire pour entreprendre une branche d'industrie quelconque, soit dans les métiers, soit dans le commerce, soit dans les manufactures; mais aujourd'hui cette difficulté n'existe plus, pourvu que le spéculateur ait quelque garantie de succès qui rende ses avances raisonnables. Il est vrai qu'il existe aujourd'hui une réduction dans le profit; mais il y a aussi une réduction dans le risque; cette réduction de profit vient de ce que la masse des individus possède l'esprit commercial et des capitaux modérés; elle est le résultat de la santé et du bien-être général de la nation. L'expérience des années 1824 et 1825 a été très salutaire.

Mais le capital seul n'inspire pas la confiance, à moins qu'il ne soit associé à certaines qualités morales dans le commerçant : un homme prudent, industrieux, intègre, et connaissant bien son art, inspire plus de confiance sans capital, qu'un riche capitaliste inhabile dans son commerce. La population s'est accrue d'un tiers durant les vingt dernières années, et le commerce de l'intérieur a augmenté au moins dans la même proportion, bien qu'il entraîne aujourd'hui beaucoup moins de frais qu'autrefois. Ceux qui commencent avec de grands capitaux ne réussissent pas aussi bien, généralement parlant, que ceux qui commencent avec un petit capital administré avec intelligence.

Le fabricant, presque partout aujourd'hui, se passe de l'intervention d'un tiers; il va directement trouver l'importateur, c'est-à-dire, il cherche à se procurer ses matériaux au plus bas prix possible, pour que le peu de profit qu'il en retire puisse suffire à entretenir son commerce.

Le premier indice de la non prospérité du commerce, c'est l'irrégularité des paiemens faits par les commerçans, symptôme que les banquiers n'ont guère observé depuis quelques années. Le nombre des commandes a augmenté en proportion de la baisse des profits; mais on peut maintenir aujourd'hui la même branche de commerce avec moitié moins de capital. [1]

De 1820 à 1823, la moyenne de la valeur annuelle des importations de marchandises

---

[1] *Committee on commerce, manufactures and shipping*, 1833.

étrangères dans le royaume uni, se montait
à...................................... 32,381,000 l.
en 1831, elle était de...... 49,713,000

ce qui offre une augmentation de plus de
50 pour cent. Sur ce surplus, il y avait pour
environ sept millions de matières premières
de nos manufactures, et un peu plus d'un
demi-million d'articles manufacturés, principalement des soieries.

La valeur des exportations, pour la première de ces trois années, s'est montée
à.............................. 42,950,000 l.
et pour la dernière année, à. 60,912,000

ce qui donne un surplus de près de 18 millions,
ou plus de 40 pour cent :

Consistant en étoffes et fil de
    coton....................... 14,536,000 l.
    — en toiles............... 864,000
    — en lainages........... 208,000
    — en métaux........... 1,600,000
en divers objets manufacturés. 784,000
                                ____
                                17,992,000 l.

Sous le système commercial perfectionné
introduit par M. Huskisson, et développé depuis par ses successeurs dans le ministère,

nous avons exporté à l'étranger les produits de l'industrie britannique, dont la quantité a progressivement augmenté. Ainsi, en :

	1833.	1834.
Manufactures de coton, valeur déclarée....	13,782,377 l.	15,306,922 l.
Fil de coton........	4,704,024	5,205,501
Manufactures de lin..	2,239,030	2,605,837
Manufactures de soie.	737,404	636,419
Manufactures de laine.	6,540,636	5,975,657
	28,003,471 l.	29,730,336 l.
Totaux des exportations des neuf principaux articles....	34,489,384 l.	36,541,926 l.

On voit, par là, que les manufactures de tissus se montent à présent à environ dix douzièmes de la totalité des exportations du royaume uni, et que sept douzièmes de ces mêmes manufactures sont des fabriques de coton.

On peut juger de la stabilité, ainsi que du ressort de nos manufactures, d'après la déclaration suivante, faite par M. K. Finlay, à une commission de la Chambre des Communes, en mai 1833 : « Je crois que si quelques capita- « listes, sachant bien diriger leurs affaires, « avaient judicieusement, il y a dix ans, placé « 50,000 livres sterling dans le commerce,

« cette somme aurait été depuis long-temps
« remboursée et peut-être doublée, et que, si
« ces mêmes individus avaient usé d'économie,
« ils seraient aujourd'hui en possession de leur
« filature de coton pour rien. Il me paraît que,
« depuis deux ans, il y a une grande diminu-
« tion dans les bénéfices, et j'espère qu'elle
« n'est que momentanée. J'ai vu beaucoup de
« révolutions dans la manufacture du coton;
« en 1788, je crus qu'elle ne se rétablirait
« jamais; en 1793, elle souffrit un nouvel
« échec; en 1799, elle reçut un coup terrible;
« en 1803 un autre, et en 1810 encore un
« autre. A différentes époques, on aurait cru
« qu'elle ne pouvait jamais se relever assez
« pour s'étendre comme auparavant; mais à
« chaque coup qu'elle recevait, la réaction
« était vraiment prodigieuse. »

M. Marshall de Leeds déclare, dans sa déposition devant la commission sur les manufactures, que le commerce du lin a doublé
en Angleterre et triplé en Écosse, depuis
qu'il a embrassé cette branche de commerce,
c'est-à-dire depuis quarante-cinq ans. La filature du lin, qui est sa partie spéciale, a
beaucoup prospéré depuis quelques années,
par suite des grands perfectionnemens ap-

portés au mécanisme de la filature. Avant cette époque, les fileurs à la main, français et belges, étaient tellement supérieurs pour le talent à ceux du royaume uni, qu'ils assuraient à la Flandre et au nord de l'Europe la principale manufacture et le débit des toiles fines. M. Marshall a employé, en 1833, douze cent vingt-neuf bras pour la filature, et soixante à quatre-vingts artisans dans son établissement, tous bien payés l'un dans l'autre. Ce fabricant file environ un quart du total de la filature de Leeds. Il a reconstruit ses machines deux fois depuis qu'il tient une manufacture.

C'est la baisse dans le prix de la matière première, jointe aux perfectionnemens dans le mécanisme, qui apporte de la réduction dans le prix de l'article manufacturé.

Cependant la quantité des toiles fabriquées en Irlande n'a pas éprouvé de diminution; au contraire, elle s'est accrue par l'introduction du fil filé à la mécanique, ce qui fait qu'on donne à la toile d'Irlande la préférence sur toutes les toiles du continent.

Les fileuses, laissées sans ouvrage aux rouets, ont trouvé de l'occupation au tissage.

Le propriétaire d'une petite fabrique ne peut pas manufacturer à un prix aussi bas que le propriétaire d'une grande fabrique, attendu qu'il n'a pas les moyens de faire les arrange-mens nécessaires en grand.

Le profit est souvent en raison de l'étendue d'un commerce. L'un des associés d'un grand magasin de soieries de Londres rapporte ce qui arriva à un de ses amis, qui, après s'être lancé dans le commerce avec un capital de 20,000 livres sterling, vit que sur ce pied-là il ne pouvait réaliser que 6 pour cent; mais que, si ses moyens étaient augmentés au dou-ble, il pourrait alors introduire dans son com-merce des économies qui lui rapporteraient un profit de 9 pour cent. Ce sont ces économies qui engagent le fabricant de coton à opérer sur une grande échelle, et à faire de temps en temps quelques petits sacrifices pour s'assurer d'un résultat profitable sur la masse. C'est à cette circonstance que l'Angleterre est rede-vable de sa supériorité; ses capitaux étant plus abondans que ceux de tout autre pays, elle est à même d'user d'une plus grande économie; mais une exubérance de production est un des maux qui en découlent. Ainsi, vu l'avantage de la fabrication en grand, la plupart des fa-bricans ont l'habitude de manufacturer au-delà des commandes qu'ils ont reçues, et d'en exporter le surplus à un prix qui anéantit la concurrence étrangère. Le profit sur le débit en grand récompense la perte sur le débit en petit. Ce n'est pas là un acte de spéculation, c'est une nécessité. Il faut exporter le surplus, ou abandonner le système d'opération en grand.

Il est toujours de l'intérêt des fabricans de se contenter d'un petit profit; et, d'un autre côté, c'est l'effet d'une politique étroite que de vouloir obtenir de gros bénéfices; car, lorsque le bruit s'en répand, une foule d'individus ne manquent jamais de se jeter dans la même branche de commerce, et d'entraîner une dépréciation ruineuse sur les marchandises. L'exiguité du profit réveille l'industrie, porte à l'économie et à l'emploi judicieux des ressources : une manufacture bien dirigée peut devenir très lucrative avec un médiocre capital fréquemment renouvelé.

Au temps où nos sages ancêtres jugeaient à propos d'intervenir dans les affaires de chaque individu, le Parlement imposa des restrictions sur le commerce des toiles d'Écosse. Un acte de la treizième année du règne de Georges Ier présente un exemple remarquable de cette ridicule législation. Il contient jusqu'à quarante sections qui déterminent non seulement la grosseur du fil à employer, mais aussi la longueur, la largeur et la forme que doit avoir la toile à fabriquer. Le linge de table, par exemple, devait être carré et contenir un certain nombre de fils , et jamais plus, sur une largeur déterminée. Il est difficile de s'imaginer comment un réglement aussi absurde a pu faire partie de la législation. On comprend bien pourquoi il ne faut pas fabriquer de la toile trop étroite; mais pourquoi il faut restreindre de bonne toile à une certaine largeur, lorsqu'on peut souvent avoir besoin d'une étoffe plus large, c'est un secret qui est enseveli avec les doctes auteurs de cette loi. On décréta, sur le même sujet, une foule d'autres statuts, par suite de la confusion et de la gêne que causait le premier. M. Huskisson a eu le mérite de les annuler par son bill sur la manufacture des toiles d'Écosse, passé en avril 1823. Depuis que cette branche d'industrie est délivrée de ses fers, elle s'est accrue avec une rapidité presque sans exemple dans les annales du commerce.

Jusqu'en 1830, le gouvernement dépensait annuellement une somme de 300,000 liv. ster. en subventions ou primes , pour aider la fabrication et l'exportation des toiles d'Irlande , somme qui se montait à un septième de leur valeur totale. Cet abus monstrueux rendait les fabricans peu soucieux de perfectionner leurs produits, ou même d'user d'économie dans la direction de leurs manufactures ; c'est pourquoi ils prospéraient rarement ; ils ne s'occupaient que de fournir aux étrangers des toiles à plus bas prix qu'ils n'auraient pu les leur fournir par des moyens honnêtes ; le tout pour une vaine gloire nationale, et aux dépens du trésor public. Faut-il donc s'étonner si les nations de l'Europe crurent que les Anglais étaient attaqués d'une pléthore pécuniaire, et qu'ils se livraient à toutes sortes d'extravagances pour se défaire de leur maladie.

Pendant l'année 1825, le royaume uni exporta trente-cinq millions neuf cent quatre-vingt-treize mille trente-huit yards de toile d'Angleterre, valant 1,309,616 liv. sterl., et seize millions quatre-vingt-sept mille cent soixante-seize yards de toile d'Irlande, valant 918,385 liv. sterl.; le tout se montant à cinquante-deux millions quatre-vingt mille cent quatre-vingt-quatre yards, valant 2,280,001 l. sterl. Les primes payées la même année sur ces deux quantités de toile, montèrent à 209,516 l. + 87,549 l. = 297,065 liv. sterl.

Il paraît que la subvention ne formait pas moins d'un dixième du prix des exportations d'Irlande; et comme les importations de toile d'Irlande, dans la Grande-Bretagne, s'élevaient à une valeur presque égale à la totalité des exportations du royaume uni, il en résulte que cette prime était un don que l'Angleterre faisait à sa chère sœur l'Irlande.

L'Écosse fabriqua et estampilla pour l'exportation, en l'année 1820, 36,268,530 yards de toile, valant 1,396,295 liv., sans compter la toile destinée à la consommation intérieure, et qui n'était pas estampillée. Dundee, en adoptant les machines perfectionnées, a augmenté ses manufactures de toiles dans une proportion extraordinaire, d'une consommation de 3,000 tonneaux en 1814, à une de 15,000 tonneaux en 1830. Dans l'année 1831, elle transporta par mer 50,000,000 yards de toile, environ 3,500,000 yards de toile à voile, et près de 4,000,000 yards de toile à sacs, ce qui donne en tout environ 57,000,000 de yards. Ces cargaisons s'étaient accrues d'environ un sixième dans l'année 1833, et s'élevaient à une valeur de 1,600,000 liv. sterl., valeur égale, sortant de ce seul port d'Écosse, aux exportations de toute l'Irlande.

On peut évaluer aujourd'hui la manufacture de toile de ce royaume à 8,000,000 liv. sterl., dont 3,000,000 pour les gages des ouvriers; elle en occupe environ cent quatre-vingt mille de tout âge. La consommation des toiles étrangères est très minime en Angleterre; elle ne s'élève probablement pas à 20,000 liv. sterl. En 1833, on retint pour la consommation intérieure 1,127,736 quintaux de lin et d'étoupe, ou de codilla de chanvre et de lin, et 537,890 quintaux de chanvre écru. La valeur des importations de matières brutes serait d'environ deux millions et demi de livres sterling, et celle des toiles exportées à presque autant, sans compter l'exportation du fil de lin.

On a remarqué avec raison que le progrès du perfectionnement dans les manufactures et dans les beaux-arts est le même en principe [1]. Un sculpteur d'un talent inférieur, qui se serait emparé du marché anglais, regretterait de voir les ouvrages de Canova, ou ceux de ses habiles élèves italiens, entrer en concurrence avec les siens; mais le peuple anglais ne pourrait partager son regret. Tous ceux qui seraient désireux qu'un meilleur goût se répandît

---

[1] Dr. Bowring, M. P., *in silk trade report of 1832.*

en Angleterre encourageraient volontiers l'importation des productions du ciseau romain ou florentin. Or il n'y a aucune distinction réelle entre les mesures à prendre pour cultiver un genre d'industrie plus que l'autre. Offrez, dans tous les cas, les meilleurs modèles à l'émulation des imitateurs, et vous assurerez le progrès du perfectionnement. Dans tous les pays, il y a plus ou moins de talens et de génies inventifs ignorés et assoupis. Le grand but de toute législation commerciale doit être de donner l'essor à ces sources d'opulence et de bonheur par tous les genres d'encouragement raisonnable, et surtout en affranchissant les matières premières sur lesquelles doit s'exercer l'industrie de tout droit et de toute restriction à leur arrivée des pays étrangers. Il ne faut pas frapper d'un droit élevé même les articles manufacturés; il faut simplement les soumettre à un droit modéré qui compense les avantages de la localité où ils sont fabriqués, et qui fournisse à l'État un revenu de douanes. Enfin on devrait toujours permettre à la concurrence étrangère d'imprimer, comme par un ressort moteur, le mouvement à notre propre industrie, sans cependant presser trop subitement sur les parties les plus délicates du mécanisme avant d'avoir donné à son agencement le temps de se consolider. On peut toutefois établir en principe qu'un commerce qui ne sait pas bientôt marcher seul à l'intérieur ne réussira jamais à l'étranger, même avec tout le patronage du gouvernement.

La liberté du commerce consiste dans l'absence totale de toute espèce de restriction sur les importations comme sur les exportations. Les restrictions commerciales suivent, entre autres principes, celui d'encourager les productions et les manufactures indigènes, en imposant des droits ou des prohibitions à celles des autres pays, et celui de prohiber l'exportation des productions indigènes qui pourraient devenir avantageuses ou indispensables à une manufacture étrangère et rivale. Outre que la législature s'est occupée d'anéantir, autant qu'il lui était possible, la concurrence dans l'industrie indigène, elle a souvent encouragé celle-ci par des subventions sur les exportations, afin de mettre le fabricant ou le négociant à même de vendre ses marchandises à bas prix. Ce système, entravé dans sa marche par des ressorts et des restrictions sans nombre, était nécessairement très complexe. Sa manière d'opérer paraîtra évidente dans le commerce des laines : l'exportation, surtout celle de la longue laine, n'en était pas permise, dans la crainte qu'elle ne fît hausser les prix pour la consommation indigène, et qu'elle ne fournît à l'étranger un article indispensable. Toute cette législation était en opposition avec l'intérêt du cultivateur, dont le gain devait s'accroître en raison de l'étendue de son débit. On croyait, d'ailleurs, que l'encouragement d'une manufacture quelconque faisait du tort aux autres; que le développement du commerce de la laine, par exemple, nuisait au commerce du coton, de la soie et du lin. Le fabricant de mousseline dénonce l'exportation de fil de coton, et demande qu'elle soit grevée d'un droit restrictif; tandis que le fileur proteste contre ce même droit comme injuste et absurde. Le tisserand en soie veut qu'on n'importe que de la soie organsinée, mais il rencontre l'opposition de l'organsineur, qui réclame, à son tour, un droit qui protége contre l'importation de l'organsin, quelque nuisible que cela puisse être au tisserand. Nulle prévoyance humaine exercée, ou séparément ou collectivement, ne saurait concilier les divers intérêts qui se trouvent en collision par l'action de ce faux principe. La justice envers les individus et envers la société, veut que le commerce reste parfaitement libre, à moins que des raisons particulières n'exigent qu'on le retienne dans l'esclavage, en vertu du même principe qui veut que tout homme jouisse d'une entière liberté de sa personne, tant qu'il n'est pas prouvé que cette liberté est dangereuse à la société. Tout homme doit jouir du droit d'acheter, de vendre et de fabriquer, n'importe de quelle manière, tous les articles qui lui conviennent, et de les transporter partout où bon lui semble : toute loi qui intervient, soit par des réglemens ou des prohibitions entre le fabricant et le consommateur, à moins qu'il ne soit prouvé qu'elle est nécessaire pour quelque motif légitime, tel que celui d'augmenter le revenu public, est un acte d'oppression arbitraire. Lorsqu'on lève un droit sur un article de production indigène, tel que l'alcool, dans le but d'augmenter le revenu public, il faut, pour être juste, lever un droit sur le même article importé des pays étrangers; mais ce n'est là qu'une compensation fiscale indépendante des principes d'un commerce libre. [1]

----

[1] *Voyez* les Discours du très honorable M. Huskisson.

Le grand principe de tout commerce, c'est de vendre afin de pouvoir acheter. Nous pouvons bien ouvrir nos ports aux soieries et aux vins de la France, aux blés de l'Allemagne et de la Russie, aux drogues de l'Asie et de l'Inde; mais nous ne pouvons nous procurer pour une seule guinée de ces denrées, sans donner en échange la valeur d'une guinée en productions indigènes. Nos fabricans ne veulent rien donner pour rien; ils ne veulent pas envoyer leurs marchandises à l'étranger sans en recevoir l'équivalent en échange; et les producteurs de marchandises étrangères, Français, Allemands, Russes, sont aussi peu enclins à faire au consommateur anglais un présent du produit de leur labeur, sans en recevoir en échange le produit, bien gagné, de l'industrie anglaise. Si les gouvernemens étrangers répondent à notre politique libérale en resserrant davantage leur système de restriction, ils ne feront qu'entraver leurs exportations et diminuer leur propre commerce, au préjudice des peuples. Si, par quelque enchantement surnaturel, les nations du continent entouraient leurs territoires de cette muraille d'airain sortie de l'imagination de l'évêque Berkeley; si elles pouvaient effectivement exclure de leurs ports tous les articles de manufacture anglaise, tandis qu'elles les ouvriraient à une libre exportation des produits de leur propre industrie, elles ne pourraient plus faire entrer un seul de leurs vaisseaux dans nos ports, ou si elles y parvenaient, ce serait pour nous faire présent de sa cargaison. Elles se priveraient elles-mêmes des avantages d'un échange mutuel; elles nous en priveraient aussi; mais elles ne pourraient pas aller plus loin; elles appauvriraient, elles ruineraient leur propre pays; elles nous feraient moins de tort qu'elles ne s'en feraient à elles-mêmes; elles nous réduiraient sans doute à une malheureuse condition, à la nécessité de satisfaire à tous nos besoins par nos propres ressources, véritable utopie des défenseurs de la théorie restrictive.

Heureusement qu'il n'est au pouvoir d'aucun gouvernement de mettre en pratique un principe aussi pernicieux. Il existe dans l'économie politique, comme dans la physique expérimentale, un certain point de résistance doué d'une énergie invincible, où toute compression s'arrête, où la loi perd toute sa puissance. Les gouvernemens peuvent bien, il est vrai, faire des lois absurdes; mais ils ne peuvent forcer le genre humain à s'y soumettre.

Dans le présent cas en question, le contrebandier corrige une législation défectueuse, et
devient le défenseur des droits de l'homme.
Par son ministère, les actes du parlement
sont virtuellement annulés, et la vigilance des
douaniers éludée. Quelle admirable preuve de
ce principe d'égalisation l'Europe n'a-t-elle pas
vue dernièrement! Celui dont l'influence toute
puissante n'a jamais été surpassée dans les
temps modernes, et rarement égalée dans les
siècles passés, Napoléon lui-même, au faîte du
pouvoir, fulmina, de Milan et de Berlin, ses
décrets contre le commerce de nation à nation; mais ce fut en vain. Le puissant con-
quérant dont les armées avaient asservi,
l'une après l'autre, toutes les capitales de
l'Europe continentale; celui qui d'un souffle
créait et détrônait les rois, le plus chétif de
ses sujets bravait impunément son pouvoir.
Le contrebandier triomphait de lui dans le
cœur de son empire, et mettait en défaut ses
myriades de gendarmes et de douaniers. Les
marchandises contre lesquelles il avait élevé
des digues formidables se faisaient jour, à travers une infinité de canaux, jusque dans le
palais de son orgueilleuse puissance. On n'ignore
pas qu'une ligne de communication non inter-

rompue s'était établie entre Archangel, sur les côtes de la mer Glaciale, et la capitale de l'empire français, au moyen de laquelle on transportait des masses de cotonnades, de sucres, de cafés, avec autant de certitude, moyennant tant pour cent, que si c'eût été de Londres à Douvres. On établit bientôt à Berlin, à Leipsick, des compagnies d'assurance pour garantir l'arrivée des marchandises saines et sauves au lieu de leur destination, en dépit des menaces du despote. [1]

Mais c'est le commerce de soierie qui offre le meilleur exemple du principe de compensation. L'Italie, qui nous fournit de la soie écrue et organsinée pour une valeur annuelle de deux millions sterling, refuse d'ouvrir ses ports à nos manufactures. Comment donc la payons-nous, puisque ses douanes refusent l'équivalent de la dette en marchandise? Il paraît, d'après un mûr examen, que les billets qui sont tirés d'Italie pour le paiement de cette soie, par plusieurs maisons de commerce, sont, dans la proportion des trois quarts au moins, des remises faites par l'Autriche et autres États allemands aux villes de Manches-

[1] Le très honorable C. P. Thompson. Discours sur le commerce de soierie, le 14 avril 1829.

ter et de Glasgow, pour leurs manufactures de coton. On voit ainsi l'impossibilité où se trouve un gouvernement de résister aux désirs des peuples qui veulent jouir réciproquement des produits des autres nations. Le gouvernement peut bien opprimer le peuple en faisant hausser le prix des articles dont il a besoin ; mais il ne peut l'empêcher d'en jouir.

L'avantage du pays qui est le premier à adopter la liberté du commerce n'est pas simplement conditionnel ; il est absolu. Dans notre ancien système de restriction, les autres nations pouvaient établir et maintenir des restrictions équivalentes ; mais d'après un système de libre communication, elles peuvent bien encore apporter des entraves au commerce, mais elles ne peuvent les lui faire garder. Elles peuvent s'efforcer pour un temps de satisfaire aux vues intéressées des producteurs et à celles de leurs dupes dans leur propre pays ; mais elles ne peuvent faire durer long-temps l'illusion. La ruine de leurs propres manufactures, l'appauvrissement de tous ceux qui ne se sont pas directement enrichis par le monopole, et les remontrances de la masse des consommateurs, forceront bientôt leur gouvernement à adopter une politique plus sage et moins injuste. Si nous attendons qu'un État étranger nous accorde la réciprocité, nous nous rendons esclaves de ses préjugés; mais si nous admettons librement ses produits, nous devenons en quelque sorte ses supérieurs. Quel est l'état commercial de la France à l'époque actuelle ? Quel profit retire-t-elle de la politique illibérale qui règne et qui régnera probablement encore un certain temps dans le conseil de ce royaume ? Elle fabrique des cotonnades et travaille le fer à bien plus grands frais que ces articles ne lui coûteraient si elle les tirait de l'Angleterre, et c'est en agissant ainsi qu'elle se pique de patriotisme! Mais quel effet a produit, sur le bien-être de la nation, ce système de production forcée? Que doivent penser de ce système ces mêmes producteurs lorsqu'ils voient que les commandes de l'étranger pour leurs propres produits ont sensiblement diminué? Sont-ils satisfaits, ou doivent-ils l'être ? Non sans doute; car ils ont appris à leurs dépens que les autres nations ne veulent ni ne peuvent acheter leurs produits lorsque des lois fiscales interdisent l'échange des marchandises. Une foule de propriétaires de vignobles et autres cultivateurs, se trouvant lésés, ont enfin ouvert les yeux; ils en ont appelé aux Chambres dans les termes les plus énergiques, les suppliant d'abandonner le système de restriction, et d'en adopter un autre moins nuisible à leurs intérêts. Ces cultivateurs de vignobles forment une classe cinq fois plus importante que toute autre sur tout le territoire français; ils emploient trois millions d'ouvriers, et un capital dix fois plus grand que celui de toute autre branche de commerce. « Quelle est, disent-ils, la base du système prohibitif? C'est la chimère de vendre sans acheter, problême qui reste encore à résoudre. Si nous fermons nos ports aux productions des autres nations, il est bon que nous sachions au moins que leurs ports seront fermés pour notre industrie; car cette réciprocité est inévitable, selon la nature des choses. Et quel en sera le résultat? La destruction des moyens d'échange, l'anéantissement de toute émulation tendant au perfectionnement, et l'achat d'un article inférieur à un prix plus élevé. » Cette saine doctrine est appuyée de preuves irrécusables, de documens officiels qui démontrent que la réduction dans les exportations de vins de Bordeaux et autres s'est montée de cent mille à trois cent mille muids. Le fait est qu'il faut que les Français, tôt ou tard, suivent nos traces dans la carrière de la liberté commerciale. Le pouvoir des gouvernemens ne saurait, dans le siècle actuel, maintenir un système restrictif en opposition avec l'intérêt des peuples.

En suivant une marche progressive, mais sûre, vers un système libéral, il faut que le gouvernement s'immisce le moins possible dans l'industrie manufacturière ou commerciale par des réglemens législatifs. L'essor de l'industrie, semblable à celui de l'amour, doit être libre comme l'air. A la seule vue des chaînes humaines, le capital s'envole d'une aile légère loin de l'esclavage. C'est en brisant les liens dont la tendresse aveugle de nos anciens législateurs avait enlacé le commerce de la Grande-Bretagne, c'est en le laissant librement suivre son cours, en l'exposant au souffle animé de la concurrence, que nous lui avons donné, depuis quelques années, une nouvelle énergie, une nouvelle vie. L'industrie nationale doit sa croissance vigoureuse au même principe que le pin des montagnes ; son germe, semé par la nature dans les fentes des rochers, se crée un sol pour ses propres racines ; il pousse une tige robuste et reçoit une nouvelle vigueur sous l'influence d'un vent violent qui tuerait la faible plante des pépinières ; bientôt il élève sa cime altière, et forme le mât de quelque gros *vaisseau amiral*. Planté dans le riche sol d'un parterre, ses tendres germes protégés dans l'atmosphère concentrée d'une serre, défendu contre l'extrême chaleur, l'humidité et la sécheresse par un jardinier vigilant, il reste faible, morbide et rachitique, et ne peut jamais produire une masse de bois de charpente profitable à son propriétaire, ni utile à l'État. Les élémens de l'industrie sont exprimés par un seul mot : *concurrence.*[1] Jamais un meilleur conseil ne fut donné à un monarque trop ambitieux de la gloire du patronage, lorsqu'il demanda ce qu'il devait faire pour étendre le commerce, que cette réponse mémorable : « *Laissez-le prendre son cours.* » Cet adage devrait être gravé sur les portes de toutes les assemblées législatives des deux mondes.

Depuis que les principes libéraux commencent à prévaloir dans les conseils de la Grande-Bretagne, ils ont donné un prodigieux développement aux talens, au génie, aux entreprises, aux capitaux et à l'industrie de la

---

[1] Le très honorable C. P. Thomson, *ut suprà.*

nation; ils ont imprimé à ses manufactures une impulsion accélérée parmi celles des Etats rivaux, et les ont placées sur un terrain si élevé, que rien ne saurait les renverser, sinon les crises morales qui proviennent du manque d'éducation parmi le peuple.

Ce fut en 1824 que M. Huskisson introduisit le principe de la liberté commerciale dans nos manufactures de soieries. Il réduisit l'impôt sur l'organsin de 7 s. 6 d. à 5 s. par livre; le dernier changement fut opéré par un ordre du trésor; car l'intention de M. Huskisson était d'imposer *ad valorem* un droit de 30 pour cent sur les marchandises étrangères importées en Angleterre. En 1826, le nouveau président de la Chambre des Communes substitua à ce dernier plan un tarif des droits à percevoir sur le poids, sur les pièces, etc., et dont la base était de 30 pour cent. En avril 1829, lorsque, pendant la baisse du commerce, on fit une motion dans la Chambre des Communes pour établir une enquête sur l'état du commerce des soieries, MM. Huskisson et C. P. Thomson alléguèrent que la loi n'était pas en défaut sur ce point, et tâchèrent de prouver que le blâme devait retomber sur les tisserands eux-mêmes. Quoique leur *book price* (tarif des prix), comme on l'appelait alors, eût été aboli, on retenait encore une partie du système. Un fabricant de Londres envoya chercher deux ouvriers de Spitalfields, dans un moment où la détresse était, disait-on, à son comble; il leur offrit 7 d. par yard pour tisser une certaine quantité de serge. Cette offre ayant été portée devant leur comité d'association, fut rejetée. Le fabricant donna aussitôt son ouvrage à faire dans le comté d'Essex, pour 5 d. par yard. Quant à l'organsineur, la mise en vigueur de la nouvelle loi a considérablement augmenté son commerce. En 1821, la quantité de soie organsinée d'Italie était à celle de la soie brute, dans la proportion de $56\frac{1}{2}$ pour cent; en 1822, elle était de 59 pour cent; en 1823, de 55 pour cent; en 1827, deux ans après la mise en vigueur de la loi, elle était de 35 pour cent, et en 1828, lorsque la loi était en vigueur, elle n'était que de 25 pour cent. Les perfectionnemens dans la mécanique, qui avaient rendu les anciennes fabriques de peu de valeur, furent la cause principale de la détresse actuelle. Une autre cause, c'était le manque de capital parmi les organsineurs, qui leur ôtait la faculté de s'approvisionner de matières premières à des prix avantageux, et qui les rendait

tributaires des gros marchands. Nul organsineur qui avait adopté les machines perfectionnées ne paraissait avoir souffert; la plupart
d'entre eux, au contraire, avaient joui d'une
grande prospérité. Si l'on abolissait même tous
les droits sur la soie organsinée, le tisserand,
qui s'en sert comme matière première, y trouverait son profit. On a dit que la belle soie
d'Italie ne pouvait être organsinée avec avantage que dans ce pays, à cause du climat, et
que les soies plus grossières convenaient mieux
aux organsineurs de la Grande-Bretagne. [1]

De 1823 à 1828, il y eut une augmentation
de 90 pour cent dans la soie crue et dans l'organsin. Sous le système restrictif, les tisserands
de Spitalfields étaient exposés, tous les trois
ans, à une morte saison. Dans l'année 1817,
il s'ouvrit en leur faveur une souscription de
40,000 liv. sterl., et l'on disait que quarante
mille ouvriers étaient dans le besoin. L'acte
absurde du parlement qui réglait les gages
avait chassé les capitalistes de Spitalfields; et
toutefois les ouvriers de ce district étaient
assez aveugles pour chercher à le rétablir. Si
un tel acte s'étendait par tout le royaume, il

[1] *Voyez* la discussion de ce sujet, p. 370.

suffirait pour en chasser tous les manufacturiers.

S'il était possible, dit un grand maître en économie commerciale, de calculer la quantité de travail prodigué en pure perte, par les efforts que font plusieurs provinces et plusieurs pays différens pour produire des articles qu'ils n'ont pas la facilité de faire, les esprits s'éloigneraient avec dégoût du système de protection, auquel adhèrent si fermement les tisserands de Spitalfields, et qui a été défendu d'une manière si absurde par leurs patrons au Parlement. [1]

L'existence d'un commerce étranger lucratif, dans toute branche d'industrie, est entièrement incompatible avec l'existence de réglemens qui le protégent. La protection suppose la nécessité d'un prix au-dessus du prix moyen des marchés de toute la terre; car, s'il en était autrement, on ne pourrait ni avoir besoin de protection, ni décemment la rechercher. A l'égard de la France, les onze quatorzièmes de ses soieries sont pour l'exportation, ce qui n'en laisse que trois quatorzièmes pour sa consommation intérieure, et qui, par

[1] M. J. D. Hume, secrétaire de la Chambre de Commerce.

conséquent, fournit une forte récompense à son industrie. D'après le système de protection, la Grande-Bretagne aurait dû borner sa manufacture de soieries à sa consommation intérieure, et se priver de participer avec la France et la Suisse dans l'approvisionnement du monde entier.

Il ne peut, en effet, y avoir aucun commerce avec des étrangers qui ne prouve la supériorité de ceux qui s'y livrent; à moins qu'une nation ne possède des avantages particuliers par rapport à une autre nation, le commerce des échanges ne peut avoir lieu entre elles. Une parfaite égalité causerait un équilibre ou une stagnation relativement aux exportations et aux importations, c'est-à-dire l'anéantissement de tout échange; de manière que chacune d'elles serait forcée de tout faire par elle-même, et de subsister des produits limités de sa propre industrie. Les ressources particulières à un pays ne peuvent se développer sous aucun genre de restriction; c'est ce qui est prouvé en France par la loi qui prohibe l'exportation de la soie de première qualité. L'abrogation de cette loi encouragerait beaucoup les cultivateurs qui jouissent de grandes facilités; et les manufactures de soie profiteraient alors par la réduction du prix de la matière première. Le même raisonnement s'applique aux manufactures de coton et d'estame établies en France. Cette branche d'industrie a beaucoup souffert dans plusieurs crises par suite de la fausse impulsion qu'elle a reçue du gouvernement. On peut bien justement faire payer un droit raisonnable aux manufactures étrangères, puisque c'est le meilleur moyen de fournir des subsides à l'État, mais non pas un impôt que le fabricant de la nation qui importe puisse mettre en poche, pour récompenser son industrie stérile. Dans ce cas, c'est un abus légal des ressources nationales pour servir des intérêts particuliers, et préjudiciables au bien public; c'est en effet une sinécure sous la forme la plus odieuse.

Depuis l'ouverture des ports de l'Angleterre aux soieries françaises, le nombre des métiers de Lyon, pour les tissus de fantaisie, a considérablement augmenté, tandis que ceux qui ne fabriquent que des tissus unis ont diminué dans la même proportion. Dans cette dernière branche, les métiers français ne possèdent aucun avantage sur ceux de l'Angleterre. La meilleure garantie contre la détresse des ouvriers de tous les pays, c'est l'application de leur industrie au champ de production le plus fertile et le mieux cultivé qui soit à leur portée. La meilleure règle pour comparer les rapports et les ressources respectives des nations, c'est l'émulation qui anime leurs ouvriers dans la libre carrière du commerce, affranchi de toute prohibition.

On ne peut résoudre le grand problème du salaire dans deux ou plusieurs pays, par l'analyse d'une seule classe de produits ; il peut exister des causes particulières qui tendent à réduire les gages au-dessous du terme moyen ; mais si on l'applique à toute l'industrie des nations, il y a toujours au marché une certaine quantité de travail dont l'excédant ou le déficit en détermine le prix. Dans la fabrication d'articles pour un marché étranger, leur prix, et par conséquent celui du travail qui y entre, doit baisser, si l'entrée des articles étrangers qui doivent être pris en échange est prohibée. En fermant un canal d'exportations au travail anglais, par la prohibition des articles d'échange d'une nation voisine, on diminue dans la même proportion les demandes des produits de l'industrie anglaise. Ainsi, du moment où l'équilibre du commerce peut avoir lieu entre deux pays, de nouvelles restrictions aggraveraient bientôt le mal et la détresse, résultat inévitable de la prohibition. Chez la plupart des nations, surtout en France et aux États-Unis, il y a une grande quantité de travail mal dirigé, un manque d'équilibre dans la répartition de l'industrie qui la tient au-dessus de son niveau dans un certain district, et au-dessous dans un autre. Rien ne peut apporter un soulagement durable au commerce général du monde civilisé, qu'une entière abolition du régime prohibitif. Une certaine localité peut, il est vrai, profiter pour un temps par le monopole, sous le régime prohibitif; mais elle y perd à la longue; et, de toute manière, elle ne peut jamais prospérer qu'aux dépens du reste de la communauté.

Pour réparer autant qu'il était possible la ruine des manufactures en France, causée par la révocation de l'édit de Nantes, et pour flatter, en même temps, l'orgueil de son auteur, Louis XIV, le célèbre ministre Colbert établit, deux ans après cet événement, un système commercial exclusif, et poussa avec une nouvelle vigueur son projet favori, qui était de donner l'essor aux arts industriels, sous les auspices du monarque, politique adoptée depuis par la France avec un zèle extraordinaire.

Le but reconnu de Colbert, c'était de placer la France à la tête des nations pour l'industrie manufacturière, comme il la croyait la maîtresse du monde sous le rapport militaire, et de la rendre indépendante de l'échange des marchandises avec les autres royaumes. Il offrit alors des avances de fonds, des honneurs, et des immunités à tous les aventuriers qui voulurent bien entrer dans ses vues. Il força ainsi plusieurs branches d'industrie à un développement prématuré, qu'on prit pour une saine croissance, jusqu'à ce que les vicissitudes du commerce les eussent fait successivement dépérir et s'éteindre. C'était en vérité le plus ambitieux des projets : il ne visait à rien moins qu'à maîtriser le cours opiniâtre de l'industrie provenant des besoins, des goûts et des caprices de plusieurs millions d'individus, et à le détourner dans des canaux artificiels, creusés par le gouvernement. Se croyant compétent pour décider de l'intérêt de chaque individu, mieux que cet individu lui-même, il érigea un code de lois, pour régler les procédés de l'art dans certaines manufactures en faveur. Cette présomptueuse intervention dans l'industrie privée, n'était pas nouvelle ; la tentative en avait déjà été faite plusieurs années auparavant par la publication officielle d'un livre d'instructions sur la teinture, non moins remarquable pour la précision minutieuse que pour l'absurdité de ses détails. Par suite d'un préjugé contre l'indigo, Colbert défendit aux teinturiers en drap bleu de faire entrer au-delà d'une certaine quantité de cette drogue dans leurs cuves à guéder. Il publia un édit par lequel les teinturiers en noir devaient commencer leur procédé par le *grand teint* et le finir par le *petit teint;* permettant aux teinturiers de grand teint l'usage d'un certain nombre d'ingrédiens, et à ceux du petit teint une nombre plus limité; mais il ne permit ni aux uns ni aux autres l'usage du bois de Brésil et de quelques autres articles spécifiés dans son ouvrage sur la teinture.

La faible prospérité manufacturière, produite par la politique exclusive de Colbert, et la quantité de richesses agricoles, commerciales et manufacturières, détruites ou entravées dans leur progrès naturel, par suite de cette même politique, figurent d'une manière évidente dans l'histoire de la France, durant les cent cinquante ans qui se sont écoulés depuis cette époque. Les immenses ressources du pays, l'intelligence et l'activité de ses habi-

tans, ont été enchaînées comme par enchantement sous l'influence maligne du génie de leur
grand monarque, sans qu'ils parussent même
se douter de leur assoupissement léthargique.
Un juge compétent a affirmé que la totalité des
primes qui ont porté des aventuriers à s'em-
barquer dans des spéculations chimériques,
ainsi que les droits exorbitans imposés par les
Français sur les marchandises étrangères, à
plus bas prix que leurs propres productions
en vogue, ont été autant de sacrifices des richesses de la nation, sans presque aucune
compensation. Le système prohibitif n'est
qu'une vaine tentative pour forcer les capitaux
dans de nouveaux canaux indépendamment
du génie et des talens de la nation.

Les prix élevés qui sont créés par le système
de protection, sont tout-à-fait incompatibles
avec un commerce étranger considérable;
quoique le gouvernement puisse les tirer des
nationaux pour un article inférieur, il ne peut
les obtenir des nations étrangères indépendantes. Un système de protection renonce nécessairement aux marchés de toute la terre
pour favoriser le marché indigène; ou s'il cherche le débit à l'étranger, il faut qu'il gagne
l'acquéreur par des primes, sous le titre de

primes d'exportations. En 1787, le commerce extérieur de France, dont la population alors était de vingt-cinq millions d'habitans, s'élevait alors à 25,000,000 de livres sterling, et en 1830, où la population était de trente-trois millions, il ne montait qu'à 25 millions de livres, malgré l'immense accroissement de la population du monde civilisé, et l'étendue du pays ouvert aux entreprises commerciales par suite des événemens politiques.

Le commerce de l'Angleterre au-dehors n'était, en 1787, que de 18 millions de livres sterling; ce qui fait 7 millions de moins que celui de la France à la même époque; en 1830, il s'est élevé à près de 70 millions sterl. La marine française n'était guère plus forte à cette dernière époque qu'à la première; tandis que la marine anglaise est doublée, et son commerce quadruplé. Des états comparatifs, fournis par la douane française à nos commissaires de commerce, MM. Villiers et Bowring, contenant les exportations et les importations entre l'Angleterre et la France, et entre la France et les Pays-Bas, jettent une grande clarté sur la balance commerciale entre ces trois nations.

La valeur officielle de nos importations, tirées de la France, s'é-
levait, en 1831, à. . . . . . 3,055,616 l.
Celle des importations en France
venant de l'Angleterre, à. . . 897,179

Il résulte de ces chiffres que l'excédant des exportations de la France avec l'Angleterre sur ses importations, est en grande partie payé par des échanges avec les Pays-Bas. L'indigo, article que les Pays-Bas exportent en France pour une valeur de 3 à 5 millions de francs, est importé de l'Angleterre par les Pays-Bas, mais seulement en transit, attendu que l'indigo, étant une de nos productions coloniales, ne peut être directement introduit en France sous les lois actuelles. Or, c'est principalement des Pays-Bas que l'introduction des marchandises anglaises a lieu en France pour une valeur beaucoup plus forte qu'il n'est nécessaire pour expliquer la disproportion apparente entre la valeur officielle des marchandises que la France reçoit de nous et celles que nous recevons de la France.

Ainsi le gouvernement ne souffre pas moins que le peuple sous un régime prohibitif. On pourrait facilement tirer une nouvelle source de revenu de la différence des prix entre un produit étranger et un produit indigène, et diminuer ainsi les impôts à l'intérieur; mais en subventionnant les manufactures protégées aux dépens du trésor public, on fait augmenter. la quantité d'articles à soustraire du revenu par l'accroissement de la contrebande. A mesure qu'on hausse le prix des marchandises, pour satisfaire aux clameurs des manufacturiers, on tire directement une plus grosse somme de la poche du consommateur, et on le force indirectement à remplacer par un impôt le déficit qui en résulte pour les douanes. Mais le mal ne s'arrête pas là; les intérêts qui avaient été protégés par le gouvernement, s'attendent à être secourus par lui, lorsque la réaction, qui est inévitable, commence à se faire sentir. C'est ainsi que le gouvernement, après avoir produit l'état morbide de son nourrisson par un excès de sollicitude, est ensuite appelé à remédier à son mal. La prohibition en France offre une histoire instructive des effets de la violation des lois qui doivent gouverner le travail et les capitaux; c'est une vaine lutte pour obtenir ce qui ne peut s'obtenir; c'est rejeter les avantages naturels qui sont à la portée de l'industrie pour poursuivre des objets qu'on ne saurait atteindre. Les vins de France, par exemple, offrent d'immenses moyens d'échange ; mais on les a sacrifiés pour le fer et les fabriques de coton ; articles que l'on produit à des frais exorbitans, et qui, lorsqu'ils sont fabriqués, n'ont aucune valeur pour le commerce à l'étranger, à cause des frais de leur production. Le seul article de manufacture française sur lequel on laisse agir la concurrence étrangère, avec quelque chance de succès, c'est la soie ; c'est le produit le moins protégé ; et bien qu'il ne soit pas dans un état aussi florissant qu'il pourrait être, il jouit de la plus belle perspective. Mais les soieries, comme tout autre commerce, ont leur part du malaise causé par le régime prohibitif ; car une prohibition en entraîne toujours une autre. La matière première étrangère est imposée pour le profit du cultivateur ; le fabricant s'en plaint, et demande que la législation prohibe l'exportation de la soie indigène ; de manière que chacun se contente d'être dupé tour à tour au nom du patriotisme.

Les droits considérables dont sont grevés le fer et le bois étrangers, justifient le mécanicien français à demander et à obtenir l'exclusion des machines construites au-dehors, et à exiger des manufacturiers un prix de monopole pour celles qu'il construit lui-même. Mais en excluant les mécaniques des autres pays, il n'a plus le choix des modèles à offrir à ses ouvriers ou à soumettre à de nouveaux perfectionnemens. Il est obligé de commencer la solution de plusieurs problèmes mécaniques des plus compliqués par les principes élémentaires, et il arrive, au travers d'une série de constructions dispendieuses, à une conclusion très équivoque, tandis qu'il aurait pu en obtenir une certaine, en voyant l'heureux résultat des essais qui ont déjà été faits dans les pays étrangers.

Les Français consomment annuellement, dans l'agriculture et dans les arts, 160 mille tonneaux de fer; et comme ils paient aux fabricans au moins 10 livres sterl. par tonneau de plus qu'il ne leur coûterait en le tirant d'Angleterre, ils sacrifient ainsi une somme d'un million six cent mille liv. sterl. par an pour cette partie de leur système de protection. Ainsi, dans l'espace des vingt-deux ans qu'ont duré les lois actuelles sur le fer, ils ont prodigué 30 millions sterl. de la richesse nationale en pure perte, et le double de cette somme indirectement. Et dans quel but? Les fabricans de fer ont-ils prospéré? ont-ils perfectionné leurs manufactures ? Au contraire, ils demandent aujourd'hui, pour leur fer, un prix plus élevé, relativement au prix anglais, que lors du commencement de leur monopole; plusieurs de leurs principales maisons ont fait de mauvaises affaires, tandis que d'autres aventuriers ont éprouvé des pertes immenses.

Les manufactures protégées produisent peu d'articles dans lesquels la France puisse soutenir la concurrence avec les autres nations; et cet état de choses n'est guère susceptible d'amélioration, tant qu'elle privera ses artistes des connaissances et de la bonne direction que produit cette concurrence, non moins avantageuse pour le fabricant que pour le consommateur. En attendant, les plus riches bourgeons de son industrie sont dévorés par le ver rongeur de la contrebande. On a évalué à 2,100,000 kilogrammes les marchandises introduites en fraude en France par des bandes de chiens dressés à cet effet, et qu'on appelle *Chiens fraudeurs.* Le tabac, les productions coloniales, le fil de coton et les tissus de coton sont les principaux objets de ce trafic illicite. Ces chiens portent chacun de vingt à vingt-cinq livres pesant, s'élevant quelquefois à une valeur de 20 à 45 livres sterl. L'appât de la fraude sur certains articles est très puissant; le fil de coton, par exemple, du numéro français, 180, qu'on peut avoir en Angleterre à 15 fr. la livre, se vend en France 30 à 40 fr. Depuis peu, il y a eu dans nos fils de laine teints une fraude considérable, qui rapporte jusqu'à 70 pour cent au contrebandier.

La douane française a calculé qu'environ le douzième des articles de contrebande sont saisis; d'après ces données et la valeur des saisies, il paraîtrait qu'on introduit en fraude sur le territoire français, par la seule frontière belge, pour une valeur de 230,000 livres sterl. de marchandises anglaises. Mais comme elles ne réalisent qu'une faible partie de leur véritable valeur, à cause des difficultés de l'exportation, et comme le coton filé, l'un des articles dont la fraude est la plus considérable, est franc de la saisie, du moment où il est rendu chez le fabricant, il y a lieu de croire que la valeur des marchandises fraudées est dix fois plus considérable que la somme ci-dessus : elle s'élève probablement à plus de 2,000,000 de livres st.

Les faits reconnus relativement à la contrebande des marchandises anglaises introduites frauduleusement en France, peuvent fournir quelques données pour juger de la valeur des marchandises françaises que la fraude fait passer en Angleterre. Il paraît qu'on y introduit annuellement, par la fraude, pour une valeur de 350,000 livres sterl. de soieries; sur cette quantité, la valeur des saisies n'est que de 9,000 livres; ce qui fait un trente-neuvième de la totalité, ou environ deux et demi pour cent. Cette valeur représente le risque de la fraude, indépendamment des frais d'emballage, de fret, etc. Le risque que l'on court en France, à cause de son triple cordon de douanes, peut bien être évalué à cinq pour cent de plus que celui qu'on court en Angleterre. C'est pourquoi, abstraction faite du coton filé, qui n'est prohibé qu'à un certain degré de finesse, la contrebande, par la frontière septentrionale des ports atlantiques, doit être énorme.

Un état de choses si offensant pour l'honneur national, si ruineux pour les finances, et si pernicieux pour la morale, ne peut qu'exciter la sollicitude des nations commerçantes pour opérer un changement radical dans le système de politique qui l'a créé d'abord, et qui continue à le maintenir.

Les prohibitions actuellement en vigueur dans la législation des douanes de la Grande-

Bretagne sont très minimes. La totalité des droits éludés par l'importation frauduleuse des soieries, des eaux-de-vie, etc., de France en Angleterre, ne dépasse pas 800,000 livres st. par an, non compris les cargaisons de tabac, de temps en temps passées en contrebande sur les côtes de Hollande par les entrepôts français.

Les dépenses du trésor français en primes et en remises aux fabricans se sont accrues, depuis quelques années, dans une proportion très rapide. En 1817, le montant des déboursés n'était que de 3,500 livres sterl.; mais en 1830, il s'était élevé à près de 600,000 livres sterl., ou un cinquième de la totalité du revenu des douanes pour toute la France; si l'on avait continué ce système, il aurait enfin absorbé toutes les ressources de l'État.

Pour le coton en laine, sur l'importation duquel les douanes françaises n'ont perçu, en 1830, que 380,000 fr., le gouvernement a dépensé en primes et en remises aux exportateurs une somme de 850,000 fr. Dans une telle proportion, si tout le coton en laine importé avait été manufacturé pour l'exportation, il aurait appauvri le trésor de 8,000,000 de fr., outre les 6,000,000 payés à la douane à son entrée.

NOTE.

Note D, *page* 149.

Comment un grave fils d'Esculape a-t-il pu travestir son savoir sur le théâtre public d'un comité parlementaire, au point d'établir une comparaison entre deux jeunes personnes qui travaillent la nuit dans une fabrique, et deux têtards renfermés dans une mare obscure, voilà ce qui me passe. Ne savait-il pas qu'une infinité d'enfans sont employés à travailler aux mines, où le jour ne pénètre jamais, et qu'en grandissant, ils forment une race aussi robuste et aussi intelligente qu'il en fut jamais? Les mineurs des comtés de Cornwall, de Northumberland, de Cumberland et de Leadhills ne sont pas les grenouilles abortives que produirait l'absence des rayons du soleil, selon ce profond physiologiste. L'excès de lumière est, je crois, moins favorable au sain développement des facultés humaines, que le défaut de lumière; circonstance vérifiée par l'expérience des pêcheurs de baleines, qui perdent la vigueur de l'esprit et du corps, durant les longues journées d'été du cercle arctique. Si M. Sadler avait produit des membres de la faculté pour prouver que les griefs dont on se plaint dans les *factories* étaient une affaire de *clair de lune*, il ne se serait guère éloigné de la vérité.

APPENDICE.

Le nombre relatif des ouvriers des deux sexes employés dans les différentes manufactures, offre un sujet de comparaison assez curieux. Voici quelques unes de ces proportions :

	Hommes.	Femmes.
Manufactures de coton dans le Lancashire et dans le Cheshire.	100	103
Manufactures de coton en Écosse.	100	209
Manufactures de lin à Leeds.	100	147
Manufactures de lin à Dundee et sur les côtes orientales de l'Écosse.	100	280

Il est à propos de considérer la différence de proportion entre l'Écosse et l'Angleterre ; cette différence vient à l'appui des observations de sir David Barry, que les Écossaises, sous le rapport de la constitution robuste et de la force, l'emportent sur les Anglaises.

Les manufactures de soie, établies par tout le royaume, n'exigent que peu ou point d'efforts musculaires, et emploient, par conséquent, une très faible proportion d'ouvriers mâles. Mais les manufactures de laine demandent fréquemment l'exercice des forces physiques, et emploient conséquemment un plus grand nombre d'hommes que de femmes. Voilà encore où se manifeste la supériorité des Écossaises ; car on les emploie dans les manufactures de laine, en Écosse, en bien plus grande proportion qu'on n'emploie les Anglaises en Angleterre. L'estame constitue cependant la plus grande partie des fabriques de laine en Écosse ; et il peut presque toujours être fabriqué par des femmes, tandis que la draperie exige le travail des hommes.

A l'égard de l'âge, deux sixièmes, au moins, des ouvriers des fabriques anglaises, et plus des trois sixièmes, en Écosse, ont moins de vingt et un ans.

Dans les *factories* de coton du Lancashire, pendant la saison où l'on emploie le plus de bras, les gages des ouvriers mâles, de l'âge de onze à seize ans, sont, terme moyen, de 4 sch. 10 $\frac{1}{4}$ d. par semaine ; mais de seize à vingt et un ans, la moyenne s'élève à 10 sch. 2 $\frac{1}{2}$ d. par semaine. On pense bien que le fabricant en emploie le moins possible à ce prix, et, certes, ce n'est jamais pour un genre d'ouvrage qui peut être fait par des ouvriers à 4 sch. 10 $\frac{3}{4}$ d. Pour les cinq années suivantes, de vingt et un à vingt-six ans, la moyenne des gages, par semaine, est de 17 sch. 2 $\frac{1}{2}$ d. Voilà encore un puissant motif pour discontinuer l'emploi des ouvriers mâles, autant qu'il est possible. Pour les deux périodes subséquentes, la moyenne monte jusqu'à 20 sch. 4 $\frac{1}{2}$ d. et à 22 sch. 8 $\frac{1}{2}$ d. On ne peut donner de tels gages qu'à des hommes qui sont nécessaires pour faire un ouvrage qui exige beaucoup de force physique ou d'habileté dans quelque art , dans quelque secret particulier, ou à des personnes chargées de quelque affaire de confiance. Quant aux femmes , il n'y a point de diminution dans le nombre pour les âges de onze à seize ans, ni de seize à vingt et un ans ; c'est pour cette raison que les gages ne s'élèvent pas , pour les femmes , à plus de 7 sch. $3\frac{1}{2}$ d., terme moyen, dans le filage au métier continu; et qu'ils surpassent rarement ce terme , excepté dans le tissage au métier mécanique, où les femmes peuvent gagner le double de cette somme. La plupart des femmes sont de l'âge de seize à vingt et un ans ; mais on trouve une diminution prodigieuse après cet âge ; la raison en est claire , c'est l'âge du mariage. On sait , d'après les recensemens et les enquêtes des commissaires du Parlement , qu'un très petit nombre de femmes travaillent dans les *factories* après le mariage. Il paraît que la plupart des mariages , parmi les ouvrières des *factories,* ont lieu avant qu'elles n'aient atteint leur vingt-sixième année. Vers cette époque , elles disparaissent des recensemens dans les fabriques de coton ; mais en jetant un coup d'œil sur les tables, on verra que pour trouver les noms de ces femmes sur les registres, il faut chercher dans les registres de mariages, et non pas dans les registres mortuaires. [1]

Gages. Le montant minime des gages des enfans très jeunes , employés dans les factories, mérite de

---

[1] *Dr. Mitchell's statistical Report,* supplement to *factory commission report,* p. 38.

fixer l'attention; mais ce doit être un sujet de satisfaction plutôt que de regret, attendu que les parens
perdent moins lorsqu'ils retirent les plus jeunes de la
factorie pour les envoyer à l'école.

Les femmes qui travaillent dans les factories ont
en général des gages considérables au-dessous des
hommes; c'est ce qui fait qu'on les a plaintes, avec
une sympathie assez peu judicieuse, puisque le bas
prix de leur travail tend ici à rendre leurs devoirs
domestiques une occupation non moins profitable
qu'agréable, et les empêche d'abandonner pour la
fabrique le soin de leurs enfans à la maison. C'est
ainsi que la Providence parvient à ses fins par une
sagesse infaillible, qui devrait réprimer l'aveugle
présomption des projets humains.

Le tarif des différens gages payés pour le même
ouvrage dans différentes provinces des trois royaumes unis est un sujet qui mérite la plus sérieuse considération.

LAINE. — SALAIRES DES HOMMES.

DISTRICTS.	Au-dessous de 11 ans.	DE 11 à 16	DE 16 à 21	DE 21 à 26	DE 26 à 31	DE 31 à 36	DE 36 à 41	DE 41 à 46	DE 46 à 51	DE 51 à 56	DE 56 à 61	DE 61 à 66	DE 66 à 71	DE 71 à 76	DE 76 à 81	Taxe des pauvres par tête en 1831.
	s. d.	s. d.	s. d.	s. d.	s. d.	s. d.	s. d.	s. d.	s. d.	s. d.	s. d.	s. d.	s. d.	s. d.	s. d.	s. d.
Leeds, etc.	2 0	4 4¼	9 9	19 6¼	22 5¼	22 6	22 6¼	22 0	22 0½	21 0¾	21 11	20 3	16 8½	15 3	—	5 7
Gloucester.	1 8¼	3 1¼	6 9¼	11 5½	12 11¾	15 3½	14 4¼	13 8	13 2	11 4	16 0	13 8	10 11	11 3	8 4	8 8
Somerset...	2 1½	3 5½	7 10	14 10¾	16 3½	17 10½	19 9	16 10½	18 0¾	14 4½	16 3½	12 2	12 0	11 8	—	8 9
Wilts.....	1 9	2 10¾	6 4¼	11 6¾	13 10½	15 5	13 7¼	14 8	14 10	14 10½	12 2	11 2	7 5¼	6 6	—	16 6
Aberdeen..	2 6	4 11	7 9½	14 5	14 10	16 6¾	14 10	13 9½	15 1¾	15 2¼	12 4½	14 0	10 1½	11 4	12 0	—

LAINE. — SALAIRES DES FEMMES.

DISTRICTS.	Au-dessous de 11 ans.	DE 11 à 16	DE 16 à 21	DE 21 à 26	DE 26 à 31	DE 31 à 36	DE 36 à 41	DE 41 à 46	DE 46 à 51	DE 51 à 56	DE 56 à 61	DE 61 à 66	DE 66 à 71	DE 71 à 76	DE 76 à 81	Taxe des pauvres par tête en 1831.
Leeds.....	2 5	4 6¾	6 5½	7 0	7 4½	7 2¾	7 7	6 10	7 1¾	7 5¼	6 3½	3 5	—	—	7 0	5 7
Gloucester.	1 7	2 7¼	4 6½	5 6	5 6¼	5 8	5 5¾	5 7	5 6½	4 4	5 0	5 0¾	—	1 6	7 0	8 8
Somerset...	2 0	2 10¾	5 1½	6 6	7 5½	8 1	6 9	7 4¾	6 11¼	7 11	5 3	3 3½	5 0	2 0	—	8 9
Wilts.....	2 3	2 9¼	4 9	6 0¼	5 1¾	6 11¾	6 2	6 0½	5 9	5 8¼	5 6	5 3½	5 1½	4 0	—	16 6
Aberdeen..	3 4½	3 7	5 1½	5 7¼	5 5	5 4½	5 6½	5 0	5 3	4 11½	4 4½		4 6	3 3	—	—

La laine étant le principal article de l'ancienne manufacture, qui est répartie sur toute la surface du royaume, elle offre le meilleur moyen de comparer le taux des salaires.

Somme dépensée pour l'entretien des pauvres, par chaque individu de la population des comtés de Lancaster, d'York (West-Riding), de Derby, de Stafford, de Leicester, de Nottingham, de Norfolk, de Suffolk, d'Essex, de Gloucester, de Somerset et de Wilts; ces comtés étant ceux où sont situées les factories dont on a obtenu les recensemens, pour les années 1801, 1811, 1821 et 1831.

COMTÉS.	1801.			1811.			1821.			1831.		
	L.	s.	d.	L.	s.	d.	L.	s.	d.	L.	s.	d.
Lancaster...	0	4	4	0	7	4	0	4	8	0	4	4
York (West-Riding....	0	6	7	0	10	0	0	6	9	0	5	7
Derby......	0	6	9	0	10	1	0	8	2	0	6	7
Stafford.....	0	6	1	0	8	5	0	7	10	0	6	5
Leicester....	0	12	3	0	14	8	0	14	2	0	11	6
Nottingham.	0	6	3	0	10	9	0	7	10	0	6	5
Norfolk.....	0	12	5	0	19	11	0	14	10	0	15	4
Suffolk......	0	11	4	0	19	3	0	17	9	0	18	3
Essex.......	0	12	1	1	4	8	0	17	7	0	17	2
Gloucester...	0	8	8	0	11	7	0	9	1	0	8	8
Somerset. ...	0	8	10	0	12	2	0	8	7	0	8	9
Wilts......	0	13	10	1	4	2	0	14	8	0	16	6

A l'égard d'Aberdeen et des côtes orientales de l'Écosse, on n'y connaît point la taxe forcée pour les pauvres; à Paisley et vers le sud-ouest de l'Écosse, le montant de la taxe levée en faveur des pauvres reste considérablement au-dessous de celle qu'on lève en Angleterre. Quant à la manufacture de laine, on verra que dans le West-Riding du Yorkshire, où la taxe des pauvres est plus basse que dans toute autre province de l'Angleterre où l'on manufacture la laine, les gages sont au maximum; et que dans le Somersetshire, où la taxe des pauvres est plus élevée que le West-Riding du Yorkshire, les gages sont moindres; mais ils sont néanmoins beaucoup plus élevés que dans le comté voisin du Wiltshire, où la taxe des pauvres est très forte. Les salaires dans le Wiltshire, comparés à ceux d'Aberdeen, où le soulagement des pauvres n'est pas forcé, sont inférieurs, sous le rapport pécuniaire; et si l'on considère la différence du prix des articles nécessaires à la vie, dans un pays où tout est à bas prix, comme au nord de l'Écosse, on verra que la condition de l'ouvrier à Aberdeen est effectivement de beaucoup supérieure.

On peut observer le même résultat dans la manufacture de soie. A Derby, où la taxe des pauvres est comparativement peu élevée, les gages sont au maximum. Dans le Somersetshire, où la taxe des pauvres est plus forte qu'à Derby, les gages sont inférieurs; et dans les comtés de Norfolk, de Suffolk et d'Essex, où la taxe des pauvres est extrêmement forte, les gages sont plus bas que dans le Somersetshire;

ils sont si bas, en vérité, que sans la preuve incontestable fournie par ces recensemens, nous ne pourrions presque pas le croire. Le contraste qu'offre la ville de Paisley en Écosse, où la taxe des pauvres, comparée à celle de l'Angleterre, est extrêmement minime. confirme encore cette opinion.

Voyez le tableau, p. 301.

En Écosse, où, depuis la réforme, l'éducation a été un sujet d'intérêt national, et où il y a depuis long-temps des écoles établies par le gouvernement et aussi généralement répandues que les églises presbytériennes, la proportion de ceux qui savent lire et écrire est beaucoup plus grande. Cette partie du royaume a néanmoins grand besoin de perfectionnemens. Les rapports des fabriques dans les districts agricoles sont tout aussi favorables que ceux des villes, ce qui peut s'attribuer aux écoles paroissiales.

Voyez le Tableau statistique, page 302.

TABLEAU *de l'Instruction dans les Manufactures.*

ANGLETERRE.	NOMBRES FOURNIS PAR LES RAPPORTS.				PROPORTION SUR CENT.			
	Sachant lire.	Ne sachant pas lire.	Sachant écrire.	Ne sachant pas écrire.	Sachant lire.	Ne sachant pas lire.	Sachant écrire.	Ne sachant pas écrire.
Lancashire	11,393	2,344	5,184	8,553	83	17	38	62
Cheshire	3,092	344	1,630	1,806	90	10	47	53
Yorkshire........	9,087	1,616	5,194	5,509	85	15	48	52
Derbyshire........	2,490	314	1,200	1,604	88	12	43	57
Staffordshire......	3,530	718	2,603	1,645	83	17	61	39
Leicestershire.....	351	92	174	269	80	20	40	60
Nottinghamshire..	948	127	455	616	88	12	43	57
Norfolk, Suffolk, Essex..........	1,914	433	608	1,739	81	19	26	74
Wiltshire.........	3,045	527	1,364	2,208	85	15	38	62
Somersetshire....	2,040	229	591	1,678	89	11	26	74
Devonshire	755	34	401	386	96	4	51	49
Gloucestershire...	4,556	379	1,983	2,952	92	8	40	60
Worcestershire...	21	—	16	5	100	—	77	23
Warwickshire....	105	15	81	39	88	12	68	32
TOTAUX...	43,327	7,172	21,484	29,009	86	14	43	57
ÉCOSSE.								
Aberdeenshire....	4,336	305	2,133	2,508	93	7	46	54
Forfarshire......	4,879	237	2,425	2,691	95	5	47	53
Perthshire.......	1,601	96	1,054	643	94	6	62	38
Fifeshire........	1,558	38	862	734	97	3	57	43
Clackmannanshire.	213	6	754	65	97	3	70	30
Stirlingshire.....	795	23	547	271	97	3	66	34
Lanarkshire......	7,815	317	4,454	3,678	96	4	54	46
Renfrewshire	5,664	199	3,165	2,698	97	3	54	46
Ayrshire........	867	2	594	275	100	—	68	32
Bute............	430	4	310	124	99	1	71	39
Mid Lothian.....	98	3	96	5	97	3	95	5
TOTAUX....	28,256	1,230	16,394	13,692	96	4	53	47

PAYS.	NOMS DES INSPECTEURS.	NOMBRE DES MANUFACTURES.					FORCE MOTRICE.			AGES DES EMPLOYÉS.					
		Coton.	Laine et estame.	Lin.	Soie.	Total.	Machines à vapeur.	Moteurs par eau.	Total de la force des chevaux.	DE 11 ANS. homm.	DE 11 ANS. femm.	DE 11 à 18. homm.	DE 11 à 18. femmes.	AU-DESSUS DE 18. homm.	AU-DESSUS DE 18. femmes.
Écosse............	Léon. Horner.	159	90	170	6	425	224	214	10,152	285	343	6,629	14,902	8,904	19,113
Nord de l'Angleterre.	Idem......	14	24	19	0	57	21	34	8S5	39	34	542	1,021	685	1,261
Westmoreland, compris Kendall......	Rob. Rickards.	0	13	4	0	17	3	26	248	27	23	146	196	203	115
Lancashire.........	Idem......	676	107	19	22	824	814	340	25,917	1,109	1,086	27,898	31,271	36,789	37,063
Partie ouest du Yorkshire............	Idem......	126	601	64	7	798	582	526	17,468	1,093	856	14,981	17,631	16,419	12,276
Chesbire..........	Idem......	109	15	0	88	212	249	94	7,327	879	1,008	7,537	9,698	11,849	12,513
Flintshire.........	Idem......	5	0	0	0	5	5	4	258	..	..	202	241	250	458
Derbyshire.........	Idem......	60	4	..	1	65	33	63	1,436	28	28	938	1,287	2,825	2,863
Staffordshire.......	Idem	4	..	1	11	16	13	3	262	101	150	370	695	521	617
Leicestershire, etc....	R. J. Saunders.	69	106	48	76	299	? †	? †	? †	1,055	1,563	2,938	6,951	3,274	8,516
Ouest de l'Angleterre et de Galles......	Jones Howell..	..	319	2	25	346	?	?	?	181	193	3,646	3,009	5,017	4,905
Midi de l'Irlande....	Idem......	11	36	3	1	51	?	?	?	6	11	483	832	1,153	1,062
Nord de l'Irlande....	Léon. Horner..	17	0	22	0	39	17	23	895	8	13	893	2,088	970	2,050
Total.....		1,250	1,315	352	237	3,154	?	?	?	4,811	5,308	67,203	89,822	88,859	102,812

* Moitié de cette force est suffisante dans les fabriques de laine et d'estame.   † MM. Saunde[...]

** M. Saunders est inspecteur dans les comtés suivans : Berks, Bucks, Cornwall, Derby (à l'exception de High Peak Hundred), Devo[...] Northampton, Nottingham, Oxford (une partie), Suffolk, Surrey, Somerset (une partie), Stafford (une partie), Wilts (une partie), Hull Bedford, de Cambridge, d'Huntingdon, de Rutland et de Sussex. M. Howell est inspecteur dans les autres comtés qui ne sont pas désignés ici.

... DES MANUFACTURES DE TISSUS DE LA GRANDE-BRETAGNE,

lesquelles on fait usage des Mécaniques, rédigé d'après les Rapports du Parlement.

FORCE MOTRICE.			AGES DES EMPLOYÉS.						EMPLOYÉS DANS LES MANUFACTURES DE								TOTAUX DES OUVRIERS EMPLOYÉS.	
Machines à vapeur.	Moteurs par eau.	Total de la force des chevaux.	DE 11 ANS.		DE 11 à 18.		AU-DESSUS DE 18.		COTON.		LAINE ET ESTAME.		LIN.		SOIE.			
			homm.	femm.	homm.	femmes.	homm.	femmes.	hommes.	femmes.	homm.	femmes.	homm.	femmes.	homm.	femmes.	hommes.	femmes.
224	214	10,152	285	343	6,629	14,902	8,904	19,113	10,529	22,051	1,712	1,793	3,392	10,017	185	497	15,818	40,358
21	34	895	39	34	542	1,021	685	1,261	646	1,067	290	334	336	915	0	0	1,266	2,316
3	26	248	27	23	146	196	203	115	..	..	257	159	119	175	..	..	376	334
814	340	25,917	1,109	1,086	27,898	31,271	36,789	37,063	59,994	62,094	3,038	2,028	1,185	1,839	1,579	3,459	65,796	69,420
582	526	17,468	1,093	856	14,981	17,631	16,419	12,276	5,187	5,726	23,209	19,268	3,603	5,425	494	344	32,493	30,763
249	94	7,327	879	1,008	7,537	9,698	11,849	12,513	15,516	15,996	181	85	0	0	4,568	6,138	20,265	22,219
5	4	258	..	..	202	241	250	458	452	699	0	0	0	0	0	0	452	699
33	63	1,436	28	28	938	1,287	2,825	2,863	2,776	2,849	35	1	..	..	30	35	2,841	2,885
13	3	262	101	150	370	695	521	617	434	557	..	..	..	..	558	905	992	1,462
'†	?†	?†	1,055	1,563	2,938	6,951	3,274	8,516	3,171	5,438	1,434	2,666	404	1,085	2,258	7,847	7,267	17,030
?	?	?	181	193	3,646	3,009	5,017	4,905	..	..	8,234	6,564	315	377	295	1,166	..	..
?	?	?	6	11	483	832	1,153	1,062	573	975	970	871	97	214	2	47	1,642	1,907
17	23	895	8	13	893	2,088	970	2,050	980	1,672	..	..	891	2,479	..	..	1,871	4,151
?	?	?	4,811	5,308	67,203	89,822	88,859	102,812	100,258	119,124	39,360	27,569	10,342	22,526	9,969	20,438	151,079	193,544

ie. † MM. Saunders et Howell n'ont pas mentionné les machines à vapeur et à eau.

...rnwall, Derby (à l'exception de High Peak Hundred), Devon, Dorset, Essex, Hants, Herts, Kent, Leicester, Lincoln, Midlesex, Norfolk, (une partie), Stafford (une partie), Wilts (une partie), Hull (les environs) dans le Yorkshire. Il n'y a pas de moulins dans les comtés de ...st inspecteur dans les autres comtés qui ne sont pas désignés ici.

ADDITIONS

FAITES PAR L'AUTEUR

A L'ÉDITION DE LA TRADUCTION FRANÇAISE.

I. Sur l'Industrie cotonnière française.

Cent livres de coton Géorgie courte soie, qui ont coûté à New-York 17 cents, reviennent à l'entrepôt de Liverpool sans droit, à 4 l. sterling, soit au change de 25 fr. 50 c. à 98 fr. 70 c., *au comptant.*

Cent livres du même coton, achetées à New-York, reviennent à l'entrepôt sans droit, au Hâvre, à 97 f. 88 c., soit environ 90 cent. par 50 kilogrammes de moins qu'à Liverpool. Il est vrai qu'à raison des frets de retour que les navires américains trouvent plus facilement à Liverpool qu'au Havre, le fret des États-Unis pour le premier de ces ports est quelquefois à meilleur compte, mais cette différence ne va jamais à plus de $\frac{1}{8}$ denier par livre, soit environ $1\frac{1}{4}$ cent. par demi-kilogramme. Un kilogramme vaut $2\frac{1}{5}$ livres anglaises, à peu près.

Quand l'on dit en France que le coton est ordinairement plus cher au Havre qu'à Liverpool (le droit des deux pays non compris) on a tort; le cours des marchés, en commune, se balance généralement dans l'année ; car s'il est vrai que le coton soit quelquefois plus cher au Havre qu'à Liverpool, d'autres fois le contraire arrive. Dans ce moment (juillet 1835), par exemple, les prix du Havre sont plus bas que ceux de Liverpool, ainsi que cela résulte des calculs suivans.

D'après les derniers cours de Liverpool, la même qualité de coton Géorgie qui se vend à 1 fr. 35 c. le demi-kilog. au Havre, à l'acquittement, se vend à Liverpool à 10 $\frac{1}{2}$ deniers, aussi à l'acquittement ; soit 10 $\frac{3}{16}$ à l'entrepôt, faisa.. au change de 25 fr. 50 c. 108 fr. 25 c. pour 100 livres anglaises, et pour 50 kilog. 119 fr. 40 c.

Pour établir la comparaison de ce prix et de celui du Havre à l'entrepôt, disons :

50 kil. au Havre, à l'acquittement, valent 135 f. 00 c.
A déduire pour le droit..............   11   00

124 f. 00 c.

Dont à déduire pour les avantages que les conditions du Havre (sur la tare, don, escompte), comparées à celles de Liverpool, présentent à l'acheteur 4 $\frac{7}{8}$ pour cent.....................   6 f. 00 c.

Prix net à l'entrepôt au Havre........   118   00
Différence en faveur de l'acheteur au Havre............................   1   40

119 f. 40 c.

Quant aux Géorgie longue soie, pour les filés fins, l'Angleterre étant le pays de la plus grande consommation de ces cotons, c'est à Liverpool qu'ils obtiennent ordinairement les plus hauts prix : et pour preuve, c'est que les planteurs de ces cotons, qui sont dans l'habitude d'en faire des envois pour leur compte en Europe, les dirigent de préférence aujourd'hui, sur ce point, après avoir fait l'expérience du marché du Havre.

Ceux qui prétendent que le change aux États-Unis est ordinairement plus avantageux pour l'Angleterre que pour la France, sont dans l'erreur. Le fait est que le change aux États-Unis est tantôt plus, tantôt moins favorable pour la France, suivant l'importance relative des traites des deux pays, qui sont offertes à la négociation ; et il y a dans l'année à peu près parité d'avantages pour l'un et l'autre pays. Dans ce moment (juillet 1835), pour avoir à New-York 4,755 dollars, il en coûterait à l'Angleterre, au change du jour avec la France et l'Amérique 25,000 fr., et à la France 25,201 fr.; une différence tout-à-fait insignifiante.

Quelques-uns veulent tenir compte de 7 $\frac{4}{10}$ cents pour différence sur les droits d'entrée en France et en Angleterre, en faisant la comparaison du commerce cotonnier dans les deux pays ; mais pourquoi cela ? Cette différence ne trouverait-elle pas à la rigueur sa compensation dans le droit d'entrée des marchandises fabriquées, et dans le remboursement à l'exportation ? Et d'ailleurs, lorsqu'il sera question de remplacer la prohibition par des droits protecteurs, il importera de toute nécessité d'affranchir la matière première, puisque le droit sur le coton brut augmente le revient des filés n°ˢ 30 à 40 d'environ 5 p. cent, et de 8 à 10 sur les gros numéros ; ce serait autant d'avance pour la fraude, en diminution sur la protection. Les filatures de Rouen et de tout le nord diffèrent peu dans les frais sur les transports intérieurs des filatures anglaises ; et la Suisse est dans une condition plus défavorable sur ce point que l'Alsace. Les filés anglais pour aller faire la concurrence avec les filés français sur les marchés de l'intérieur, auraient à supporter les mêmes frais de transport.

Le coton des États-Unis supporte à l'entrée :

En France, un droit par 50 kil. de..... 11 f. 00 c.

En Angleterre, ce droit est de......... 7 73

En Belgique, seulement de.......... 0 96

On estime la production générale du coton ainsi qu'il suit :

Aux États-Unis d'Amérique..... 175,000,000 kil.

Dans l'Inde................... 30,000,000

Au Brésil.................... 12,000,000

Dans les colonies de Bourbon, Cayenne et autres.......... 3,000,000

En Égypte et dans le Levant.... 10,000,000

Total........ 230,000,000

La consommation se partage ainsi :

En Angleterre................ 150,000,000

En France................... 40,000,000

Aux États-Unis.............. 18,000,000

En Chine, la *moitié* de la récolte de l'Inde 15,000,000

En Suisse, Saxe, Prusse et Belgique 17,000,000

240,000,000

Cet aperçu présente la consommation comme dépassant la production de 10,000,000 de kil., ou environ 70,000 balles. C'est en effet ce que confirment, d'un autre côté, les relevés du commerce, et ce qui explique la diminution annuelle des approvisionnemens, et la hausse des prix.

D'après une statistique publiée en Angleterre en 1832, il y existait alors 11,500,000 broches occupées au filage du coton, produisant annuellement 115,700,000 kil. de filés : 300,000,000 de francs (12,000,000 liv. st.) étaient le capital en machines et en ateliers.

La consommation du coton, en France, est à peu près le quart de la consommation anglaise ; et comme on file en France un peu plus par broche qu'en Angleterre, on doit y avoir à peu près 3 à 3,500,000 broches, produisant annuellement 34,000,000 de kil. en filés de toute nature : 105,000,000 fr. peuvent représenter la valeur réduite et actuelle des machines et ateliers, à 30 fr. la-broche.

Précédemment, une filature bien établie, comme on est dans l'usage de les avoir en Alsace, y compris emplacement, moteur, etc., etc., revenait jusqu'à 50 à 55 fr. la broche ; tandis qu'aujourd'hui on peut l'établir, en y comprenant le perfectionnement des machines, au prix moyen de 40 à 45 fr. la broche.

M. Nicolas Kœchlin, qui, par suite de ses voyages dans les cantons manufacturiers de l'Angleterre et ses connaissances intimes de l'industrie cotonnière en France, est à même de faire une comparaison exacte entre les deux pays, pense que, pour les numéros qui forment les neuf dixièmes de la consommation, les Français n'ont absolument rien à envier aux Anglais. L'Alsace a exporté des filés, durant la dernière crise, en assez grande quantité pour la Suisse, où ils ont soutenu avec avantage la comparaison avec ceux de l'Angleterre. Il en est de même à Tarare, où depuis long-temps les plaintes portent plutôt sur l'insuffisance d'approvisionnement et sur les hauts prix, que sur la qualité. Plusieurs des chefs des filatures alsaciennes sont allés visiter l'Angleterre dans le courant de l'été 1834, et ils disent qu'ils n'y ont rien vu d'un intérêt particulier, et qu'en somme, sauf les numéros les plus élevés, les fils d'Alsace valent les fils anglais. MM. Nicolas, Schlumberger, et compagnie, de Guebwiller (Haut-Rhin), ont monté leur filature pour les numéros fins à un degré de perfection qui, plus d'une fois, a fait l'étonnement des Anglais mêmes. M. M. Connell, un des premiers fabricans de filés fins à Manchester, m'a assuré que la filature sus-nommée possédait des métiers mull-jenny aussi parfaits que les siens, et d'après ce que j'ai vu moi-même à Guebwiller, je puis confirmer cette assertion. La filature de MM. Dollfus, Mieg, et compagnie ; celle de M. Naegely, et plusieurs autres que j'ai visitées à Mulhouse, ne le cèdent en rien aux meilleures filatures de Manchester et ses environs pour les numéros ordinaires. La grande galerie aux cardes surtout, chez MM. Dollfus et Mieg, est la plus automatique que l'on puisse voir en aucun endroit, et travaille avec moins de main-d'œuvre qu'aucune autre en Angleterre.

Les 34,000,000 de kil. de cotons
  filés en France sont évalués à... 170,000,000 f.
On y emploie 37,000,000 de coton
  brut, évalués à.............   88,000,000
____
Il reste pour la main-d'œuvre, le
  combustible, l'entretien des établissemens, les intérêts, les bénéfices....................   82,000,000 f.

Le nombre des ouvriers employés dans les filatures doit s'élever de 80,000 à 90,000. La moyenne des salaires est de 1 fr. 30 c. par individu.

En Angleterre, au moyen de vastes établissemens de construction, d'une vaste concurrence et du bon marché de la houille et du fer, les machines et autres objets de filature coûtent bien moins cher qu'en France. Un métier à filer sans accessoires revient, en Alsace, à 10 fr. la broche. On ne le paie, en Angleterre, que 6 fr.; mais le coût de la bâtisse chez les Anglais corrige un peu ce désavantage des filateurs français. Un bâtiment pour filature, construction simple, en Angleterre, revient à 30 et 32 shellings la yarde carrée, à peu près 40 fr. le mètre carré, qui ne coûte en Alsace que 28 à 30 fr. En somme, on peut évaluer le coût des établissemens de filature, en Angleterre, un tiers de moins qu'en France. C'est un fait important à considérer, surtout lorsqu'on songe à la rareté des capitaux, et à la répugnance fâcheuse que l'on éprouve encore à les confier à l'industrie. C'est au gouvernement à contre-balancer le dommage que les manufacturiers français éprouvent sous ce rapport, par une réduction des droits sur les prix des machines, par l'établissement de moyens de circulation plus nombreux et plus économiques que ceux qu'ils possèdent déjà, afin de leur procurer aussi les houilles au plus bas prix possible.

Il y a beaucoup de filatures françaises qui sont mues par des chutes d'eau. Dans ce cas, le prix du combustible n'influe que sur le chauffage des ateliers, et c'est de peu d'importance. Quant à celles qui s'aident de la puissance de la vapeur, elles dépensent en houille pour une valeur qui équivaut, en Alsace, à un sixième ou huitième de la façon ; ce qui est de 4 à 5 pour $\frac{0}{0}$ du prix de vente des filés. A Manchester, la part du combustible est évaluée tout au plus à 1 pour $\frac{0}{0}$. En Alsace, les 100 kil. de houille coûtent 4 fr. ; tandis qu'à Manchester, ils ne coûtent que 99 c. ou 1 fr. Cependant il faut dire qu'en Angleterre l'économie de combustible n'est pas la mesure exacte de la différence des prix. Les Anglais emploient généralement des machines à vapeur à basse pression ; ils négligent l'économie du combustible ; ce qui fait qu'ils emploient 5 kil. de houille par kil. de coton filé n°s 30 à 40 ; tandis qu'en France, au moyen de leurs machines à haute pression et de leur soin à ménager le combustible, ils ne consomment que 4 kil. de houille par kil. de filé.

En France, les métiers sont généralement de 216, 240 et 360 broches. La moyenne de leur produit par semaine, en fil n° 30 m/m, est de 90 kil. par métier de 366 broches, soit 1 kil. par 4 broches.

En Angleterre, la construction des machines exigeant un bien moindre capital qu'en France, tandis que la main-d'œuvre y est plus chère, les filateurs n'ont généralement qu'un ouvrier fileur pour deux métiers réunissant ensemble 6 à 800 broches. D'après un calcul pris dans une des filatures les plus considérables de Manchester, on trouve qu'un ouvrier conduisant deux métiers de 620 broches produit seulement par semaine 125 kil. (280 livres angl.) en fil n° 30 m/m (36 à 38 angl.), soit 2 kil. par 5 broches et par semaine. Les fileurs, en Alsace au moins, travaillant beaucoup, doivent rendre autant d'ouvrage par semaine que les Anglais. En Angleterre, la loi limite à 69 heures le travail par semaine dans les filatures ; tandis qu'en Alsace, le travail des ouvriers est assez généralement de 13 à 14 heures par jour, sans compter le temps des repas.

Moyenne des salaires par semaine.

A Mulhouse : le fileur, 14 fr. ; le rattacheur, 5 fr. ; la soigneuse à la carderie, 6 fr. ; les manœuvres, 9 fr.

A Manchester : le fileur, 38 fr. ; le rattacheur, 10 fr. ; la soigneuse à la carderie, 12 fr. ; les manœuvres, 20 fr.

A Zurich : le fileur, 12 fr. ; le rattacheur, 3 fr. ; la soigneuse à la carderie, 5 fr. ; les manœuvres, 8 fr.

D'après ces données, le *revient* de la façon du filage dans les susdits pays est :

A Mulhouse, pour le demi kilogramme de
   numéros 30 à 35 m . . . . 72 cent.
A Manchester. 82
A Zurich. 60
Dans une filature mise en mouvement par
   une chute d'eau dans les Vosges. 47

Si nous prenons pour base la fabrication du Haut-Rhin, pour en appliquer la moyenne au *tissage* en général, il résultera que pour convertir en tissus les 34,000,000 de kil., produit des filatures de France, il faut 270,000 métiers à tisser, occupant 325,000 ouvriers, et dont la moyenne du salaire n'est que d'environ 75 c. par jour.

En fait de *calicot* $\frac{3}{4}$, 75 portées, qualité corsée, la façon est :

En Alsace, de 22 c. l'aune ;

A Manchester, de 22 c. ;

En Suisse, de 19 c.

Les deux départemens du Haut et du Bas-Rhin, avec la lisière des Vosges, de la Haute-Saône et du Doubs, forment une zône dont la fabrication est tout-à-fait homogène. Elle comprend 56 filatures de coton, dont 40 situées dans le Haut-Rhin, 4 dans le Bas-Rhin, et 12 dans les départemens environnans sus-mentionnés. Ces 56 filatures comprennent 700,000 broches en activité; à ce nombre il faut ajouter 120,000, qui sont actuellement en construction (années 1834-35). Dans ce moment, le nombre des broches est porté à 800,000. Chaque broche, terme moyen, peut employer 10 kil. de coton en laine. La production actuelle peut être évaluée à 8,000,000 de coton filé, et la consommation de coton brut à 9,000,000 ou 9,500,000 kil. Le coton filé vaut en moyenne 5 fr. 6 c. le kil. D'après cela, la valeur totale sera de 45,000,000 à 50,000,000 fr.

Le nombre des métiers battans, dans les départemens ci-dessus désignés, est à peu près 60,000, dans lesquels sont compris 3,000 métiers mécaniques, et leur production s'élève à 2,000,000 de calicots fins et communs, de mousselines et tissus de couleurs variées. Leur valeur par pièce, prix moyen, est 40 fr.; donc leur valeur totale sera 80,000,000 environ.

La masse des capitaux immobilisés en bâtimens, machines, appareils et outils nécessaires à la filature, est de 45 à 50,000,000 fr.; mais l'amortissement a pu réduire ce capital à 30,000,000.

Le capital du roulement pour la filature est 60,000,000 fr. environ. La filature alsacienne occupe 17 à 18,000 ouvriers de tout âge et de tout sexe ; le tissage, 70,000 ; l'impression, 12 à 15,000 ; et la blanchisserie, 1,000 : pour toutes ces industries, 105 à 110,000 ouvriers directement occupés dans ces diverses branches.

Dans ce moment-ci, les houillères d'Alsace s'épuisent, et les fabricans de ce pays ont dû recourir aux houilles de Saarbruck (Prusse) et de Saint-Étienne, qui reviennent au prix de 4 fr. et 4 fr. 80 c. les 100 kil., suivant les transports. Celles de Saarbruck se vendent sur la houillère 8 à 9 c. les 50 kil.

Industrie cotonnière de la Seine-Inférieure.
Le coton filé dans ce département peut être évalué à
248,000 kil. par semaine, ce qui revient à 12,896,000
par an. Il y a 240 filatures, petites et grandes, qui
contiennent 1,000,000 de broches qu'on peut évaluer à 40 fr. chacune, soit 40,000,000 fr., bâtimens
et accessoires compris. La quantité de coton brut
employée dans ce département est 13,144,000 kil.

Dans l'arrondissement de Lille, il y a environ
150 filatures de coton, dont le nombre des broches
est 600,000 : 100,000 ouvriers sont employés dans
l'industrie cotonnière de cet arrondissement.

37 fabriques de coton existent à Saint-Quentin et
dans son rayon, formant 210,000 broches, 200 chevaux de force de vapeur, 100 chevaux de force hydraulique, et d'une valeur de 9 à 10,000,000 fr.
Cette somme représente le capital fixe, le capital en-
gagé en établissemens, usines, et la valeur actuelle
de ces établissemens ; mais non pas le capital roulant. Ces 210,000 broches filent environ 3,000,000
livres pesant, ce qui, à 4 fr. la livre terme moyen,
donne une valeur de 12,000,000 fr. Les cotons filés
de Saint-Quentin sont estimés à un prix plus élevé
que ceux de Rouen, parce qu'on y file plus fin. On
file à Saint-Quentin, en général, depuis le n° 40 m/m
jusqu'aux n°ˢ 180 et 200 ; mais la plus grande masse
de la fabrication est entre le n° 60 et le n° 120. Ce
sont les numéros généralement employés dans le tissage des mousselines, des jaconnas façonnés, et en
général de toutes les étoffes légères qui demandent
des fils fins.

Les tisseurs de ce canton reçoivent des filatures de Lille, Roubaix et d'Alsace, 2,500,000 livres de cotons filés, qui, à 4 fr. 50 c. la livre, en raison de ce que ce sont des numéros plus élevés, font 11,025,000 fr. Ils tissent, avec ces divers filés, de 800,000 à 850,000 pièces, qui présentent une valeur de 38 à 40,000,000 fr. de tissus, la pièce étant d'environ 45 fr. en moyenne.

Le tissage se divise en deux classes :

1°. Le tissage mécanique, qui n'a commencé que depuis très peu d'années, et qui tend à prendre de l'accroissement; il se compose de cinq établissemens, évalués à 600,000 fr.

2°. Le tissage à la main, dont les ouvriers sont répandus dans les villages environnans, sur un rayon de douze lieues environ; il se compose de 50,000 métiers, qui, évalués à 100 fr. y compris les emplacemens, donnent 5,000,000. Tout ce qui est façonné, tout ce qui est fin, est fabriqué à la main.

9 ateliers de construction de machines
  à vapeur et autres.............. 500,000 f.
4 établissemens de grillage de tissus.. 160,000
6 blanchisseries.................. 1,610,000
7 établissemens d'apprêts 1,485,000
7 teintureries et impressions....... 370,000

Tous ces établissemens occupent :

Les filatures . . . .   4,000 ouvriers.
Les blanchisseries , apprêts et
   grillages.   1,200
Les tisseurs de toute espèce , bro-
   deuses, raccommodeuses, etc.,
   non compris ce qui a rapport
   aux tulles.   70,600
                                            75,800 ouvriers.

Ces établissemens emploient 3,000,000 livres de filés, représentant 3,750,000 livres de coton brut, d'une valeur de 6,562,500 fr.

On estime que, de 1816 à 1835, la quantité de pièces fabriquées a plus que doublé à Saint-Quentin. Les prix des principaux articles étaient comme il suit en 1816 et en 1831 :

Calicot $\frac{1}{4}$ 75 portées. . . . . .   2 f. 60 c.   0 f. 70 c.
Perkale $\frac{1}{4}$ 125 portées . .   4 h0   1 65
Bazin gauffré. 2 60   0 75
Mousseline à jour. . . . . . .   2 .10   0 45

A Tarare et dans les environs , il y a quelques années, on comptait 20,000 métiers battans, qui occupaient, pour la fabrication des mousselines , les préparations et les finissages , ainsi que pour la broderie, 50,000 ouvriers; mais aujourd'hui la production est tombée de 15,000,000 fr. à 11,000,000, par la raison que la mousseline a diminué de valeur, parce qu'il s'est établi une concurrence. L'Alsace et

Saint-Quentin fabriquent des mousselines pour l'impression, ce qui a porté quelque préjudice à Tarare. On doit ajouter à cela la contrebande, qui fait beaucoup de tort à ce district manufacturier.

Avant l'ordonnance du 8 juillet 1834, c'était la contrebande qui fournissait plus que la moitié du filé n° 143 m/m, et au dessus, aux fabricans de mousseline. Depuis l'admission par l'ordonnance susmentionnée, le fabricant peut choisir les qualités convenables à sa fabrication.

Les fabricans de Tarare reprochent aux filateurs du nord que leur fil ne vaut pas celui de l'Alsace, et qu'ils donnent, dans les numéros 130 et au-dessus, le nom de double chaîne à un fil qui n'a point de force. Le droit de 7 fr. par kil. protége la filature française de 28 p. $\frac{0}{0}$ pour les numéros 143 à 168 métriques, ou 170 à 200 anglais. Je soutiens donc que les filatures françaises, et surtout celles de l'Alsace, peuvent, à 10 p. $\frac{0}{0}$ près, produire à aussi bon marché que l'Angleterre ; et comme les façons doivent être bien moins chères en France qu'en Angleterre, la filature nationale doit pouvoir soutenir la concurrence des filés étrangers, moyennant le droit de 4 fr. 50 c. le kilogramme. [1]

Les mousselines françaises n'ont presque point de débouchés à l'extérieur, parce que la matière filée avec laquelle les tissus sont fabriqués est de 50 à 80 p. $\frac{0}{0}$ trop chère, excepté les numéros de coton admis aujourd'hui. Pour une mousseline fabriquée

---

[1] M. Leutner, fabricant à Tarare.

en Écosse, ou en Suisse, avec des n°s 144 anglais, ou à Tarare avec du coton de l'Alsace n° 158 ancien système (qui équivaut n° 144 anglais), la différence est de 39 p. $\frac{0}{0}$ plus chère en France ; et si on y ajoute encore la différence de la façon en Suisse, elle serait de 48 p. $\frac{0}{0}$. Pour un article fabriqué en Écosse avec du n° 184, ou en France avec le même numéro du prix coûtant d'aujourd'hui à Tarare, la différence serait encore de 35 p. $\frac{0}{0}$ en faveur de la Suisse, sans compter celle sur les préparations et le finissage.

II. Fils et Tissus de Laine en France.

La France ne produit point les laines longues nécessaires à sa fabrication. On a en vain introduit des moutons anglais; soit paturages peu convenables, soit défaut des soins, ils n'ont point prospéré, et les fabricans français sont forcés d'acheter de leurs voisins les laines propres à leur usage. Les Français ont, en outre, à supporter :

le droit de 20 pour cent et dixième... 22 p. cent.
Déchet de la laine brute à la laine filée,
    5 p. cent, qui augmente les droits de 11 p. cent.
On estime encore que les Anglais jouissent d'autres avantages, tant par le choix des matières, que par la perfection de leurs machines, leur combustible, etc., moins cher qu'en France. 20 p. cent.

---

53 p. cent.

Mais d'après ce que j'ai vu moi-même en France, je crois que ce compte est bien exagéré.

La modération dans les prix des matières premières est, à mon avis, la seule chose qui manque à la France pour la prospérité de ses tissus de laine longue. Le peignage à l'anglaise est bien perfectionné en France, au moyen de la machine à peigner mécanique de M. Collier. Le kilogramme de laine coûtait, prix moyen :

1831.	1832.	1833.	1834.
6 fr. 40 c.	7 fr. 75 c.	8 fr. 50 c.	9 fr. 50 c. à 10 f.

TABLEAU *indiquant approximativement, et en moyenne, la variation du prix des laines fines, métis et mérinos, lavées de 1816 à 1833 en France (par kilogramme), en francs et centimes.*

	1816.	1817	1818.	1819.	1820.	1821.	OBSERVATIONS.
	f. c.	f. c.	f. c.	f. c.	f. c.	f. c.	
Ire.	20 00	19 00	21 50	16 50	21 75	23 50	
IIe.	16 00	15 00	17 50	12 00	15 50	18 00	Blanc, bon lavage.
IIIe.	14 00	12 00	15 00	8 50	10 00	10 50	
IVe.	11 50	10 50	11 00	7 00	8 00	9 00	Fin jaune.
Ve.	9 50	8 50	9 50	6 00	6 25	7 25	Gros jaune.
VIe.	7 00	6 50	4 50	3 50	4 50	5 00	Basteaux, petit jaune.

	1822.	1823.	1824.	1825.	1826.	1827.	OBSERVATIONS.
	f. c.	f. c.	f. c.	f. c.	f. c.	f. c.	
Ire.	19 50	13 00	19 25	19 00	10 75	12 50	
IIe.	15 00	10 00	16 00	15 00	8 50	9 00	Blanc, bon lavage.
IIIe.	8 50	6 00	9 25	12 00	7 50	8 00	
IVe.	7 25	5 00	6 50	9 50	5 50	6 00	Fin jaune.
Ve.	6 00	4 50	6 00	8 50	5 00	5 50	Gros jaune.
VIe	4 00	3 00	3 50	6 00	3 50	4 00	Basteaux, petit jaune.

LAINES EN SUINT.

	f. c.		f. c.		f. c.	
1816	4 30	1822	3 55	1828	3 20	Les quantités extra-
1817	4 00	1823	2 50	1829	3 30	fines et mi-fines ont
1818	4 40	1824	3 60	1830	3 00	varié dans les prix,
1819	3 10	1825	3 80	1831	2 40	selon leur bonne ou
1820	4 00	1826	2 30	1832	3 00	mauvaise condi-
1821	4 40	1827	2 80	1833	3 40	tion.

Pour les fils de laine *fine* peignée, les Français ont une grande supériorité sur les Anglais, d'après ce que j'ai moi-même vu chez MM. Griolet, fabricans à Paris. Ils n'ont à craindre, à l'étranger, que la concurrence des filateurs saxons; cependant on file plus fin et mieux qu'eux en France; ils n'arrivent qu'aux nᵒˢ 45 et 50 avec des qualités de laines que MM. Griolet filent jusqu'au nᵒ 80. Mais pour les gros numéros, les Anglais font à meilleur marché que les Français.

Les chalis, bombasines, alépines fines et autres étoffes, chaîne soie et trame laine fine, fabriquées en France, se vendent très bien en Angleterre, ainsi que les mérinos, mousselines de laines et divers tissus faits avec les fils dits *thibets*. Ces produits sont frappés, à l'entrée dans notre pays, d'un droit de 15 p. ⁰⁄₀ seulement. On les voit annoncés partout, chez les détaillans, *french merinos*, *french chalis*, parce que les Français sont supérieurs pour toutes les étoffes légères où la laine fine est employée.

Le capital d'établissement de toutes les fabriques de drap d'Elbœuf est 150,000,000 fr.; l'amortissement est à peu près de la *moitié*: le capital restant serait de 80,000,000 fr. Le capital du roulement qu'emploie la fabrication des draps d'Elbœuf doit être 75,000,000 fr. environ. La production totale, par an, peut être évaluée à 50,000,000 fr., et les pièces de draps à 65,000. Le principal agent de l'industrie d'Elbœuf est la laine française; on l'y emploie de préférence, parce que les draps qu'elle donne sont plus recherchés dans le commerce. La laine d'Espagne entre dans une proportion plus forte que celle d'Allemagne. La laine revient à un prix de 20 à 25 sous la livre *en suint ;* mais après le dégraissage, elle ne produit ordinairement que d'un quart à un tiers de son poids. Dans une pièce de drap de 40 aunes, il entre 40 kil. de laine lavée à blanc. Dans la fabrication entière d'Elbœuf, il entre 2,800,000 kil. de laine lavée à blanc, qui représentent environ 30,000,000 fr. A Elbœuf, le *tiers* des machines qu'on emploie est venu d'Angleterre ; les deux autres tiers ont été confectionnées en France, et sont, pour l'usage, à peu près égales. La fabrique d'Elbœuf emploie 25 à 30,000 ouvriers. Le terme moyen des salaires est, pour les hommes, 2 fr. par jour ; pour les femmes, 25 sous ; et pour les enfans, 15 sous. Les contre-maîtres et les chefs de pièce gagnent, les premiers, 12 à 1,500 fr. par an, et sont payés par mois ; les derniers, 3 fr. par jour. Le minimum des salaires est 30 sous par jour pour les hommes employés à des ouvrages qui demandent moins d'intelligence. Les heures de travail sont *treize*, de *six* heures du matin à *neuf* heures du soir, en retranchant deux heures de repos. En général, ces ouvriers sont laborieux et rangés : ils font des économies sur leurs salaires, et voici comment : la moitié de ces ouvriers sont propriétaires ; ils ont dans la campagne quelque coin de terrain ; c'est là qu'ils vont porter tout ce qu'ils peuvent économiser sur leurs salaires. A Elbœuf, une caisse d'épargnes ne peut avoir grand succès ; les économies que font les ouvriers servent à améliorer leur petite propriété, à l'agrandir.

Le prix du principal article de la fabrication d'Elbœuf est de 14 à 18 fr. l'aune, terme moyen. Aujourd'hui on y livre au commerce, à 15 fr. l'aune, du drap qui a plus d'apparence et qui vaut mieux que celui qu'on payait 30 fr. en 1816. Moyennant la restitution du droit dont sont chargées les matières premières, les draps d'Elbœuf peuvent soutenir la concurrence sur les marchés étrangers.

Les machines françaises à lainer et à carder sont aussi parfaites que les machines étrangères. On a établi à Elbœuf des machines à carder d'après un nouveau système qui n'est pas suivi en Angleterre. On y a fait venir des modèles et des ouvriers d'Amérique, et on a construit des machines produisant un boudin continu [1]. D'après ce système, un ouvrier peut servir au lieu de cinq, et produira autant d'ouvrage. L'expérience a démontré que le résultat était au moins aussi parfait.

La fabrication de draps à Abbeville s'élève à 1,400,000 fr. année commune, et emploie un capital fixe de 1,500,000 à 2,000,000 fr., et un capital roulant de 1,200,000 fr. La quantité de draps qu'on y fabrique annuellement est 60,000 aunes, dans les prix de 17 à 30 fr., avec les laines de la Beauce et de la Brie, qui sont d'excellente qualité.

Le capital fixe de toutes les fabriques de Louviers, en bâtimens, machines et ustensiles, est 25 à 30,000,000 fr.; et le capital roulant est 1,800,000 à 2,000,000 fr. Elbœuf n'est pas, sous le rapport

---

[1] *Voyez* le système de M. Wilson, part. II, chap. IV.

des cours d'eau, dans une aussi bonne position que Louviers. On possède, à Louviers, des forces hydrauliques, évaluées de 600 à 700 chevaux, qui pourraient être plus avantageusement employées en y adaptant les améliorations introduites dans le système des roues.

Toute la fabrique de Louviers emploie 7 à 8,000 ouvriers, qui sont heureux et vivent bien en travaillant treize heures par jour. La fabrication de Louviers a beaucoup diminué, parce qu'il a persisté dans son système de belle fabrication, et s'en est mal trouvé. Il a dû y renoncer, et faire des draps de toutes qualités. Il y a une différence de 20 à 30 p. $\frac{o}{o}$, entre le prix français et le prix étranger, contre la France.

La production totale de Louviers peut être estimée à 12 ou 15,000 pièces de drap, la pièce à 1,000 fr., ce qui porte la production à environ 1,500,000 fr.

Le capital employé en France par l'industrie des mérinos a été évalué à 25,000,000 fr.

Aubusson et Felletin, deux villes qui n'en font qu'une par leur industrie, emploient 15 à 1,800 ouvriers, et peuvent fabriquer pour 1,500,000 à 2,000,000 fr. de tapis. Elles entrent pour moitié dans la fabrication des tapis en France, qu'on peut évaluer à 3,500,000 fr. On y emploie de préférence la laine anglaise pour la fabrication des moquettes, et elle y entre pour un quart environ.

On fabrique à Paris 80 livres de fil de laine cachemire, ou de poil de chèvre de Thibet, par jour, en y employant 5 à 600 ouvriers. La moyenne du prix du poil qui est tiré de la Russie est de 7 à 8 fr. le kil. Les Anglais ont essayé de filer la laine cachemire, et n'ont pas réussi. Ce genre de filature réclame les soins les plus minutieux. La moitié de ces fils peignés est répartie en tissage pour châles, et l'autre moitié, en tissage pour tissus unis. La moitié des tissus est vendue à l'étranger; ils sont exportés en Russie, en Allemagne et en Angleterre; mais depuis deux ans, le gouvernement russe fait des dépenses énormes pour attirer chez lui cette industrie; il sacrifie des sommes considérables pour embaucher les ouvriers français. La main-d'œuvre du peignage coûte, en Russie, 1 rouble par livre; à Paris, elle coûte 5 à 6 fr. Les éplucheurs gagnent de 15 à 20 sous par jour; les femmes de journée, 30 sous; les peigneurs, 2 fr. 50 c. à 3 fr.; les fileurs, 4 à 5 fr.

Le capital employé dans la fabrication des draps de Sédan, et absorbé en bâtimens, usines et machines, peut s'élever de 70 à 80,000,000 fr. La masse des affaires roule sur 18 à 20,000,000 fr. Elles sont organisées de manière à exiger un capital presque égal à leur importance. Cela s'explique par les crédits de dix à douze mois qu'on y fait. L'amortissement a dû produire une réduction sur le capital fixe de 50 p. $\frac{0}{0}$. On doit remarquer que l'action de l'amortissement annuel est paralysée en quelque sorte par le renouvellement des machines et l'adoption prompte de celles qui, étant perfectionnées, laisseraient loin de ses rivaux le fabricant qui ne se les procurerait pas aussitôt qu'elles paraissent. On fait 28 à 30,000 pièces à Sédan, dont chacune pèse 22 kil. Les draps d'un prix moyen se font aujourd'hui avec de la laine qui revient à 10 fr. le kil. La même qualité de laine ne se payait que 5 fr. en 1831. Plusieurs causes ont concouru au renchérissement de la laine : l'organisation de la garde nationale, l'augmentation de l'armée, les approvisionnemens des hôpitaux en couvertures, en étoffes communes, et le choléra, qui pendant ses ravages a décuplé la consommation des flanelles. L'agriculture en France, en ce qui concerne la production des laines, est stationnaire, ou plutôt rétrograde. En Allemagne, les laines ont acquis une qualité supérieure aux laines françaises, parce qu'on a cherché à les améliorer par tous les moyens possibles.

Dans le Mémoire que la ville de Sédan a publié, la valeur des tissus en laine, dans toutes leurs transformations, est évaluée à 400,000,000 francs : 250,000,000 fr. sont absorbés par les draps ; le reste appartient aux autres étoffes. Pour certains draps, la matière entre pour deux tiers, et la main-d'œuvre pour un tiers.

L'ouvrier est aujourd'hui dans une très belle position à Sédan ; il est bien nourri, bien vêtu, bien logé. Le dimanche, à sa mise, on ne le distinguerait pas du chef. Si nous comparons sa position à celle dans laquelle il était il y a vingt-cinq ou trente ans, la différence est énorme. L'ouvrier a gagné sous tous les rapports, sous le rapport moral comme sous le rapport hygiénique. Sédan est seul en possession, pour la France, de la fabrication du meilleur drap noir. On en fabrique bien aussi à Elbœuf ; mais dans des qualités de 4 fr. au-dessous du plus bas prix de la première ville.

La fabrication, en France, des châles faits avec le poil de chèvre du Thibet a été estimée, par un fabricant distingué de Paris, à 5 à 6,000,000 fr. Depuis trois ans, leurs prix ont diminué de 25 p. $\frac{0}{0}$; la filature a fait de grands progrès. La fabrication des châles de tous genres, en France, et de tous les articles qui s'y rattachent, s'élève à 20,000,000 fr. Elle emploie 10,000 ouvriers et 25,000 personnes, hommes, femmes et enfans, formant en tout une *soixantaine* de fabriques. Plus de la moitié des produits sont exportés.

Il s'exporte de France pour 10,000,000 fr. de tissus mérinos. En filature de laine, Roubaix produit pour 1,600,000 fr., et Turcoing pour le double. En tissus de laine, Roubaix produit pour 8,400,000 fr.. et Turcoing pour 2,000,000 fr.

Le capital fixe des établissemens de Roubaix, pour une production de 1,600,000 fr., est, en usines, 640,000 fr.; et le capital roulant est égal à la production. Il y a, dans la ville de Roubaix, 30,000 ouvriers qui sont alternativement employés à fabriquer la laine et le coton. Les métiers pour le tissage de la laine battent pendant les mois de juin, d'août et de septembre; et ensuite on s'occupe de la fabrique du coton.

L'importance de la fabrication en laine de Turcoing est, en filature, pour 3,200,000 fr., et en tissus de laine, pour 2,000,000 fr. Les circonstances sont les mêmes qu'à Roubaix pour la fabrication.

Celle des tissus de laines comprend les *stoffs* et les *lastings*, pour lesquelles il y avait, l'avant-dernière année, à Roubaix, 600 métiers à la Jacquart, et l'année dernière, 1,200. Quoique la production de Roubaix, en *stoffs* et *lastings*, puisse s'élever jusqu'à 10,000,000 fr., ce n'est rien, eu égard à la consommation qui se fait en France. Il en entre donc beaucoup en fraude. Avant les *stoffs* à l'anglaise, on ne faisait à Roubaix que des tissus de coton, et voici ce qui en résultait : c'est que la vente des tissus de coton étant terminée au mois de mai, il fallait, du mois de juin au mois de novembre, recommencer à fabriquer les tissus au hasard, sans savoir quel serait le prix de la vente. Entre les *stoffs* de Roubaix et les *stoffs* anglais, il y a une différence sur les prix de 33 p. % environ. La fabrication de Turcoing emploie des laines longues anglaises pour les chaînes simples de *stoffs*.

De toutes les fabriques de France qui s'occupent de lainage, celle de Reims est sans contredit la plus importante, et le chiffre annuel de l'industrie Rémoise dépasse de beaucoup celui de la ville, quelle qu'elle soit, qui produit le plus de tissus. On peut évaluer à 30,000,000 de francs le coût primitif des divers établissemens de fabrique, filature, teinture, apprêts, etc., dont la valeur actuelle peut être portée aux deux tiers de cette somme. Ensuite, il faut de 45 à 50,000,000 de francs pour alimenter la fabrication de l'industrie rémoise, qui depuis vingt ans est doublée. Cette industrie se divise en deux classes, savoir : la laine cardée et la laine peignée.

1. La filature et les tissus en laine
   cardée, produit annuel........ 35,000,000 f.
Idem , peignée............... 15,000,000

    Total des tissus et filatures... 50,000,000

2. La laine peignée, non filée..... 10,000,000

    Total général...... 60,000,000

La laine nécessaire à cette fabrication revient à 34,500,000 fr.

Ce qui représente environ 1,400,000 kil. de laine *en suint*, d'une nature telle qu'il faut à peu près 3,500,000 moutons pour se procurer cette quantité.

Les tissus fabriqués à Reims sont : tissus mérinos croisés, tissus lisses, napolitaines, flanelles croisées et lisses, circassiennes dont la chaîne est en coton simple, et en coton retors, et la trame en laine cardée teinte en laine ; casimirs et draps teints en pièces ; casimirs unis et mêlés, teints en laine ; couvertures et gilets brochés. Les laines les plus convenables pour ces tissus en laines peignées sont celles de France, et spécialement celles de la Champagne, du Soissonnais, de la Bourgogne et de la Normandie ; et en laines cardées, celles de la Brie et de la Beauce. Le prix moyen des meilleures laines est de 9 francs le kilogramme pour la laine cardée, et de 11 francs pour la laine peignée et les tissus mérinos. Reims emploie très peu de laines étrangères, à cause des droits d'importation.

Cette ville occupe environ 50,000 ouvriers, dont

un quart *intra muros*, et les trois autres quarts dans les campagnes. Il faut observer qu'une bonne partie de ces derniers ne travaillent pour la fabrique que les deux tiers au plus de l'année. La masse gagne 30 à 40 sous pour les hommes, 15 à 20 sous pour les femmes, et 10 à 15 sous pour les enfans de 10 ans jusqu'à 16. Le coût de la main-d'œuvre s'élève à 15,000,000 francs; elle est bien moins élevée pour la laine peignée non filée que pour le reste. Tous les ouvriers qui habitent *intra muros* sont loin d'être dans une situation heureuse et même satisfaisante; car tout y est fort cher, même plus cher, à ce qu'on dit, que dans toute autre ville de France, Paris et le Havre exceptées.

La fabrique de Reims occupe 275 assortimens en filature de laine cardée, tout près de 55,000 broches, et 60 assortimens en filature de laine peignée. Elle possède, *intra muros*, 30 machines à vapeur représentant une force de 200 chevaux; mais la fabrique totale emploie une force de 600 chevaux, dont environ moitié en machines hydrauliques situées dans les campagnes, et le reste en machines à vapeur.

Les exportations peuvent être évaluées à un dixième de la fabrication.

La filature de la laine à Amiens emploie aujourd'hui 360 métiers, divisés entre 42 filatures, qui forment environ 60 systèmes de laine peignée dans la manière ordinaire de compter. Ces 60 systèmes produisent environ 1,100,000 livres de laine filée, dans les nᵒˢ 25 à 60. Le prix de la filature nᵒ 25 à 33, qui est le courant de la fabrique, est de 8 à 10 sous. Le prix de chaque métier est de 2,000 fr. Le capital fixe est 3,500,000 francs. Le capital est environ 5,000,000 de francs ; 2,000 ouvriers sont employés dans la filature, et 6,000 tisserands à la fabrication des alépines. Dans chaque pièce d'alépine il entre 2 kilos de soie, à raison de 80 francs le kilo. Les ouvriers sont payés à raison de 10 sous l'aune ; ils peuvent gagner 25 sous par jour ; ceux qui font de très belles qualités en laine mérinos, gagnent jusqu'à 40 sous. 36,000 pièces d'alépine sortent chaque année des 5,000 métiers, chaque pièce ayant 103 à 104 aunes, sur une aune de largeur. Chaque pièce peut valoir 500 francs : c'est à 5 francs l'aune environ. Le capital fixe pour cette fabrication est de 600,000 francs ; et le capital roulant de 6,000,000 de francs. On exporte des alépines pour 6,000,000 de f., ce qui est à peu près le tiers en valeur de cette fabrication. Les alépines communes se vendent en France ; celles de 7 à 14 francs l'aune vont en Angletere, aux États-Unis, au Mexique, etc.

Il sort de la fabrique d'Amiens 180,000 pièces de tissus de toute espèce, y compris le velours de coton ; ce qui représente un capital de 40,000,000, et exige un capital roulant de 24,000,000 de francs.

Le commerce des toiles a beaucoup déchu en France ; cela tient au système suivi depuis la Restauration. Avant la séparation de la Belgique, le commerce était très prospère ; à la faveur des toiles belges, beaucoup de toiles, de fabrique purement française, entraient dans le commerce d'exportation.

Dans l'état actuel des choses, le commerce se trouve réduit à la consommation intérieure ; les droits qui frappent les toiles écrues restant sur les toiles blanchies en France, l'exportation en devient impossible, et il n'y a pas moyen de soutenir la concurrence des Belges.

La filature de lin à la mécanique, qui a pris un développement bien remarquable en Angleterre et en Écosse depuis dix ans, n'existe pas en France. Les tentatives faites jusqu'ici pour y établir ce genre d'industrie, n'ont pas été heureuses, et ont occasionné aux entrepreneurs une perte de 10,000,000 de francs, d'après ce qu'on m'a assuré.

Le directeur de l'administration des douanes vient de publier le *Tableau général du commerce de la France* pour 1834. Ici on remarque sur le mouvement du commerce des soieries une différence, entre 1833 et 1834, de 40,000,000 de francs. Le chiffre du commerce général des soieries, donne une diminution de 34,000,000 dans les exportations. Celles-ci se montaient en 1833, pour les soies, à 40,615,954 fr., et pour les tissus, à 160,403,323 francs ; et en 1834, pour les soies, à 25,912,930 francs, et pour les tissus à 141,906,144 francs. C'est surtout dans les relations de la France avec la Sardaigne et l'Autriche, que son commerce d'importation des soies offre une diminution sensible, et le déficit pour les exportations se montre principalement du côté de l'Angleterre. Ce dernier pays a donné depuis peu d'années une prodigieuse extension à ses manufactures de soie. Les importations des soies gréges augmentent dans des proportions presque incroyables, et le perfectionnement de ses machines commence à lui assurer une supériorité dans la fabrication des étoffes. Non seulement les Anglais achètent moins de tissus français, mais ils emploient aussi moins de soies gréges françaises, qu'ils semblent chercher depuis quelques années de préférence en Italie, et surtout depuis la dernière ordonnance du roi de Sardaigne sur cette matière.

Le moyen produit des métiers à tisser la soie, dans l'arrondissement de Lyon, est 3 aunes et demie environ, par jour, pour chacun, ou 357 aunes pour 100 métiers.

Le produit par jour, en différentes étoffes, avec un travail de 16 heures, est estimé,

	Pour un ouvrier habile.	Un ouvrier ordinaire.
En velours $\frac{11}{24}$.....	$\frac{3}{4}$ à $\frac{7}{8}$ aunes.	$\frac{1}{2}$ à $\frac{5}{8}$ aunes.
En drap de soie...	4 à 5	3 à 4
En satin.........	5	3 à 4
En gros de Naples.	5 à 6	3 à 4
En crêpes	5 à 6	3 à 4
En taffetas.......	4 à 5	4
En florence	7 à 9	5 à 6

Le profit de chaque métier est de 3 francs par jour. Le coût d'un métier est de 100 à 400 francs.

Le nombre des métiers à tisser *intra muros* à Lyon, est................................ 16,000 f. dont 4,000 pour tissus brochés.

Dans les faubourgs.................... 9,000

Dans les campagnes, sur un rayon de douze lieues........................... 7,000

TOTAL....... 32,000

Il y a environ 200 fabricans de rubans à Saint-Étienne, dont le produit annuel peut être évaluée à 32,000,000 de francs. Les trois quarts sont exportés. Ce produit comprend à peu près les neuf dixièmes de toute la fabrique française dans cet article, sur lesquels Lyon fournit environ 1,500,000 fr. par an.

Avant l'invention du *métier à la barre*, on ne pouvait tisser qu'un ruban à la fois; tandis que maintenant on peut en fabriquer de vingt à trente simultanément, pourvu qu'ils soient étroits.

Tout le produit des fabriques de l'arrondissement de Saint-Étienne est évalué à 350,000 aunes par jour, et en prenant 300 jours par an, il y aurait 105,000,000 pour la quantité annuelle.

La quantité de soie consommée par an dans la fabrique de rubans est

A Saint-Étienne environ............	400,000 kil.
A Lyon............................	20,000
Total.........	420,000

Le nombre des métiers à tisser, à Saint-Étienne, est d'environ 23,500, dont 16,000 sont toujours en activité. De ces métiers 18,000 sont des métiers de basse-lisse, employés par les paysans dans les montagnes; 500 sont des métiers de haute-lisse dans les environs de Saint-Étienne; et 5,000 sont des métiers *à la barre*. Ceux-ci sont distribués comme il suit :

 800 font des rubans en taffetas ;
 200 *idem* en velours ;
 700 *idem* en galons ;
 800 *idem* en satin ;
 500 *idem* en gazes rayées ;
2,000 *idem* brochés à la Jacquart.

Le nombre des métiers à tisser la soie, à Nîmes, est de 7,000 à 8,000. On y emploie beaucoup de métiers à la Jacquart, du prix de 120 francs.

La fabrique d'Avignon en soierie emploie environ 5,000 métiers à tisser, dont 3,500 appartiennent à la ville, et 1,500 aux villages et campagnes environnantes. La fabrique de florences, genre de tissu uni, est presque la seule usitée à Avignon.

FIN DU TOME II ET DERNIER.

DE L'IMPRIMERIE DE CRAPELET,
RUE DE VAUGIRARD, N° 9.